村镇建筑结构抗震技术手册丛书

陈忠范　主编

村镇砌体结构建筑抗震技术手册

编　著　陈忠范　陆　飞　黄际洸　丁晓燕
彭　翥　刘文坤　顾训荣　刘　巍
皇甫超华

校　审　徐　明

东南大学出版社
·南　京·

内容提要

本书介绍了地震的基本知识和国内外古今砌体结构，依据国家现行规范，对村镇砌体结构的材料及其力学性能进行了讲述，结合国内外最新研究成果，论述了村镇砌体结构的抗震设计、施工方法与验收标准，专门论述了编写组对节能自保温砌块砌体工程的研究成果，给出了村镇砌体结构的设计计算实例，在附录中，还给出了村镇砌体结构材料的力学性能试验方法、村镇砌体结构抗震试验方法、全国抗震设防标准和采暖居住建筑围护结构传热系数限值。

本书语言朴实、易懂，图文并茂，是一本具有鲜明特色的村镇建筑结构技术人员用书，用于指导村镇建筑的材料试验、结构设计、施工与验收，部分内容也可用于城镇建筑。

图书在版编目(CIP)数据

村镇砌体结构建筑抗震技术手册 / 陈忠范等编著.
—南京：东南大学出版社，2012.12
ISBN 978-7-5641-3972-8

Ⅰ.①村… Ⅱ.①陈… Ⅲ.①农业建筑-砌体结构-防震设计-技术手册 Ⅳ.①TU352.104-62

中国版本图书馆 CIP 数据核字(2012)第 297771 号

村镇砌体结构建筑抗震技术手册

出版发行 东南大学出版社
出 版 人 江建中
网　　址 http://www.seupress.com
电子邮箱 press@seupress.com
社　　址 南京市四牌楼 2 号　210096
电　　话 025-83793191(发行)　025-57711295(传真)
经　　销 全国各地新华书店
印　　刷 南京玉河印刷厂
开　　本 850 mm×1168 mm　1/32
印　　张 6.5
字　　数 163 千字
版 印 次 2012 年 12 月第 1 版　2012 年 12 月第 1 次印刷
书　　号 ISBN 978-7-5641-3972-8
定　　价 29.00 元

本社图书若有印装质量问题，请直接与营销部联系。电话(传真)：025-83791830。

主编的话

我在主持国家“十一五”、“十二五”科技支撑计划课题时，我们课题组人员总结了村镇建筑的设计、施工与验收方面的研究成果，并进行研究，这套丛书正是在以上研究成果的基础上整理出来的。本丛书共 5 册，分别关于村镇建筑“砌体结构”、“石结构”、“生土结构”、“木结构”和“轻钢结构”，2012 年出版前 3 册，2013 年出版后 2 册，石结构属于砌体结构的一种，在这套丛书中的《村镇砌体结构建筑抗震技术手册》中未详写关于石结构的内容，而是写在《村镇石结构建筑抗震技术手册》中。地震的基本知识和抗震设防烈度、设计基本地震加速度、设计地层分组适用于本套丛书的各册，仅写在《村镇砌体结构建筑抗震技术手册》中。

在支撑计划执行和丛书的编写过程中，得到同济大学、中国建筑科学研究院、沈阳建筑大学、苏州科技学院、江苏黄埔再生资源利用有限公司、南京工业大学、南京林业大学等的大力支持，在此深表感谢！

丛书编著者之一的黄际洸教授级高工虽已过八十高龄，仍才思敏捷，不仅自己写作，还多次来南京商讨写作事宜，对我们这些晚辈的教育和鼓舞巨大，特此表示敬意！

由于编者在这一领域内研究的深度、广度有限，丛书中谬误难免，恳请读者批评指正，谢谢！

陈忠范于东南大学

二〇一二年十二月

目　录

第1章 绪 论

1.1 村镇建筑抗震

我国是一个多地震的国家，6 度及其以上的地震区占国土面积的 80%，其中绝大多数地震都发生在农村和乡镇地区，特别是西部经济不发达地区。由现场震害调查可知，在遭受同等地震烈度破坏条件下，农村人口伤亡、建筑的倒塌破坏程度均远高于城市。越贫穷的地区，受灾越严重。其主要原因有两点：一是由于经济和政策上的原因，相当长时期以来，我们一直把抗震设防的注意力集中在城市，对广大村镇多有忽略；二是农民抗震设防意识薄弱、建造方式落后、缺乏应有的知识，致使村镇房屋的抗震能力薄弱。

1.1.1 村镇建筑地震灾害

2003 年我国大陆发生成灾地震 21 次，这些地震的震中均发生在农村地区，共造成约 298 万人受灾，受灾面积约 78 143 km^2；死亡 319 人，重伤 2 332 人，轻伤 4 815 人；造成房屋倒塌 328.50 万 m^2，严重破坏 483.69 万 m^2，中等破坏 1 006.42 万 m^2，轻微破坏 1 909.50 万 m^2；地震灾害总直接经济损失 46.6 亿元。

其中地震的影响范围最大，造成的人员伤亡和经济损失最严重的是新疆巴楚6.8级地震，影响到37个乡镇和新疆建设兵团的7个团场，受灾人口近66万人；死亡268人，重伤2 058人，轻伤2 795人；房屋倒塌和严重破坏的达457.17万 m^2；直接经济损失14亿元。

2008年5月12日四川汶川发生了8.0级大地震。据统计，这次地震造成的死亡和失踪人数合计87 538人，直接经济损失8 451.4亿元人民币。据了解，在死亡人员中，村镇居民占60%以上；在直接经济损失中，建筑物和基础设施的损失占到了总损失的70%以上。

建设部(90)建抗字第377号发布了“建筑地震破坏等级划分标准”，下面是关于民房，即未经正规设计的木柱、砖柱、土坯墙、空斗墙和砖墙承重的房屋，包括老旧的木楼板砖房等二层及以下民用居住建筑的破坏等级划分标准。

① 基本完好：木柱、砖柱、承重的墙体完好；屋面溜瓦；非承重墙体轻微裂缝；附属构件有不同程度的破坏。

② 轻微破坏：木柱、砖柱及承重的墙体完好或部分轻微裂缝；非承重墙体多数轻微裂缝，个别明显裂缝；山墙轻微外闪或掉砖；附属构件严重裂缝或塌落。

③ 中等破坏：木柱、砖柱及承重墙体多数轻微破坏或部分明显破坏；个别屋面构件塌落；非承重墙体明显破坏。

④ 严重破坏：木柱倾斜，砖柱及承重多数明显破坏或部分严重裂缝；承重屋架或檩条断落引起部分屋面塌落；非承重墙体多数严重裂缝或倒塌。

⑤ 倒塌：木柱多数折断或倾倒，砖柱及承重墙体多数塌落。

1.1.2 当前村镇房屋建设存在的问题

2008年的汶川地震和2010年的玉树地震中，大部分村镇房屋严重倒塌，小部分严重损坏，轻微破坏和基本完好的很少，造成大量的人员伤亡和经济损失，而我国当前正在积极进行社会主义新农村建设，因此我国村镇房屋建设中存在的问题亟待解决。

（1）建设分散，管理与指导跟不上发展需要

目前我国大多数非建制镇和自然村未进行建设总体规划，宅基地审批与规划和建设管理工作脱节，加之乡村面积大，村镇普遍采用分散的一家一户独立式建设，导致建筑材料与形式不一、质量不高、投资浪费等问题。村镇建设监管严重缺位，监管体制和方式落后。大部分地区乡镇人民政府的建设管理部门没有明确对村镇建设工程质量与安全监管的职能，县级建设行政主管部门由于人员缺乏、资金少、监督检测条件差，对于房屋设计、施工和工程质量还没有能力全部按城市建设相同的程序要求进行严格管理。同时，由于村镇中缺少必要的技术人才，无法对大规模的、分散的房屋建设进行房屋抗震防灾技术指导。

（2）新村规划未充分考虑抗震防灾问题

一些经过统一规划修建的新村镇，由于在规划中未考虑抗震问题，部分村镇不能严格执行规划（如：选址不合理，房屋间距过小，道路过窄，共享性差），在影响使用功能的同时，加重了地震的次生灾害，也给震后的抢险救灾工作带来了相当大的难度。

（3）规范标准缺失

多年以来我国偏重城市建设，忽略村镇建设，村镇建设领域标准化工作严重滞后，相应的村镇建设标准体系基本处于空白阶段。在一定程度上，农村住宅建设标准化的落后已经成为影响我国农村住宅产业发展的重要瓶颈因素之一。标准化对规范和约束产品质量、推动科技进步和科技成果应用的作用远未发挥出来。

（4）无正规设计，凭传统经验建造

大量的村镇房屋无正规设计图纸，产权人自己勾画建筑平面草

图、套用别的草图或对别的草图稍作修改，以农村工匠的传统经验进行建造，房屋内部结构全靠工匠的经验而定，主要考虑竖向承载能力，很少考虑建筑物的抗震问题。在建设中盲目追求外表形式，将有限的资金用于室内外装修装饰上，忽视了结构自身的安全和质量。

(5) 无正规施工队伍施工

当前，在广大村镇建设市场上不但缺少训练有素、技术过硬的有资质的正规施工队伍，甚至经过必要的技术培训的建筑队也不多见。他们不熟悉国家颁发的设计和施工规范，未能正确执行科学的施工操作规程，质量安全意识非常薄弱。对常用的砌筑砂浆和混凝土无配合比设计，现场随意拌和，离散性很大，施工后也无现场检测检验。施工中无施工记录，施工后无竣工图纸，给以后的管理和加固改造带来困难。

(6) 建筑用材质量差

目前，大量不合格、劣质建材以其价格低廉而充斥农村市场，建材无产品检测检验报告或提供虚假报告，建房户对不合格建材也无鉴定能力，采购时只比价格高低，不看质量优劣，购买后也无送样检验，即使想送样检验，也可能当地无检验机构或因收费高而作罢，这对村镇房屋建设埋下了较大的质量安全事故隐患。

1.1.3 村镇建筑抗震防灾措施

综上所述，村镇房屋建设涉及土地规划、村镇管理、建材生产销售、经济消费水平、人文环境、生产生活习惯等，具有很强的复杂多样性。因此，应当结合不同地区的不同特点和经济发展水平，因地制宜地采取简便易行、经济可靠的抗震措施，最大限度地减轻地震给人们带来的灾害，可以从以下四个方面入手：

(1) 管理

首先应当完善村镇监管单位的监管体制和人员配备，明确对村镇建设工程质量与安全监管的职能，提高监管人员的技术水平，从而提高对村镇建设工程的监管和指导能力。切实建立和完善村镇工程质量安全管理体制机制，按照建设部《关于加强村镇建设工程质量安全管理的若干意见》划分的村镇建筑规模、性质等级，对限额以上的工程严格按照国家有关法律、法规和工程建设强制性标准实施监督管理；对限额以下的工程，采取政府技术指导服务为主的工程质量安全管理。同时要进一步明确村镇房屋建设开工的审批程序，建立相应的巡查报告制度，明确人员、机构及其职责。坚持监管与服务并重，从根本上解决工程质量安全问题，从而提高村镇房屋的抗震能力。

其次，鉴于村镇经济发展水平不足，国家和地方财政应考虑设立村镇抗震防灾专项基金，用于村镇基础设施和公共建筑的抗震设防补助、农村民房的抗震设防补助、村镇建筑抗震试验研究以及村镇建筑抗震设防与加固技术标准的编制。

第三，制定鼓励农村群众建房时采用规范抗震设计施工的政策，对于经济条件差者可考虑一定的补贴措施，补贴可以采用抗震建设所需的建筑材料形式，同时可采用签订技术服务保障协议来保证抗震资金的合理有效使用。制定农村抗震建设奖惩政策，对积极按照抗震要求进行建设的群众明确提出奖励的措施和方式。

第四，为推动村镇抗震减灾工程的实施，可设立村镇抗震减灾示范区、示范村、示范户三种形式。示范区宜选在地震部门确定的中长期地震危险区域内；示范村宜选择有政府补贴的生态移民、水库移民、征地安置、灾区重建等具有统一规划的村镇；示范户可选择村镇学校、医院等公共建筑和部分经济条件较好的农户。

(2) 规划

任何一个建筑都要从场地的选择开始，对于震后重建的村镇和社会主义新农村的建设应进行统一的勘探、规划；对于建筑分散的村镇，可以对以后的宅基地进行统一的规划。选择建筑场地时，应根据工程需要和地震活动情况、工程地质和地震地质的有关资料，对抗震有利、一般、不利和危险地段做出综合评价。对不利地段，应提出避开要求；当无法避开时应采取有效的措施。对危险地段，严禁建造甲、乙类的建筑，不应建造丙类的建筑。具体可以从以下四方面着手：

① 从地形地貌上看，要避开非岩质的陡坡，突出的山嘴，高耸的山包；

② 从地质构造看，要避开活动断层，可能发生滑坡、山崩、地陷的地段；

③ 从地基土质上看，要避开饱和砂层、软弱土层、硬软不均的土层；

④ 从水文条件上看，要避开靠河流古道两岸的地区。

（3）设计

设计是房屋抗震的重要环节，科学合理的设计是提高房屋抗震性能的前提。因此，尽快提高设计水平，满足村镇建房需要，是当前村镇建设的一个重要任务。

科学合理的设计并不意味着进行大量的、繁琐的抗震计算。可以通过合理的建筑设计使建筑体型简单、规整、匀称，建筑的质量和侧向刚度沿竖向宜均匀变化，尽可能避免平、立面复杂，不规整、不匀称的建筑体型，避免侧向刚度和承载力突变。通过合理的结构设计，可以增强房屋结构的强度、刚度和空间整体性。正确确定结构布局，搞好结构选型，即注意刚度协调，防止发生局部的过刚过柔、互相矛盾引起的破坏；加强抵抗侧力构件，提高结构的延性，增强结构变形能力；重视节点和连接构造的设计，提高结构的整体性。

砖砌体房屋的结构体系应具有明确的计算简图和合理的地震

作用传递途径,宜有多道抗震防线,避免因部分结构或构件破坏而导致整个体系丧失抗震能力或对重力的承载能力,应具有合理的刚度和强度分布,避免因局部削弱或突变形成薄弱部位。应优先采用横墙承重或纵横墙共同承重的结构体系,纵横墙的布置宜均匀对称,沿平面内宜对齐,沿竖向应上下连续。

砖砌体结构构件应按规定设置钢筋混凝土圈梁和构造柱,或采用配筋砌体,以改善变形能力;混凝土构件应合理地选择尺寸,配置纵向钢筋和箍筋,避免剪切先于弯曲破坏、混凝土的压溃先于钢筋的屈服、钢筋锚固黏结先于构件破坏。

村镇房屋建设之所以成为抗震防灾薄弱环节,是因为广大农民不懂得如何进行抗震设防,通过什么样的技术措施来保证房屋的坚固可靠。因此,村镇建设工作者和设计人员有责任向农民提供抗震技术服务,可利用电视、电台等媒体开办一些村镇建设专题节目,也可以组织科技下乡、下村,通过举办学习班、发放基本知识读本和推广“农村房屋抗震通用图集”等方式开展这一项工作。向农民推荐通俗易懂,既有抗震能力,造价和形式又能被农民所接受的住宅设计标准图,使村镇房屋建设有所遵循,按图施工,确保房屋的抗震能力。

(4) 施工

由于村镇建设的特殊性,村镇建设市场相对于城市建设市场而言比较混乱,表现为:大量不合格、劣质建材以其价格低廉而充斥农村市场,无正规施工队伍施工。首先,应加强对建材市场的管理,严厉打击不法商户,杜绝市场上的劣质建材,规范市场秩序,推广合格建筑材料和新材料、新技术的使用。其次,注重对村镇建设工匠的抗震技术培训。对于零散的农村工匠的管理,要建立健全培训考核制度和从业资格管理制度,提高从业人员素质,县级建设行政主管部门对培训合格人员可发给培训合格证书。引导建筑工匠自愿结合，形成工种配套齐全的个体建筑业主，使其经营行为更加规范，施工组织更加合理，并适时引导其向成建制劳务企业发展。

我国仍然是一个发展中国家，经济虽有所发展，但这种发展是很不平衡的发展，广大农村地区经济还很落后，尤其是中西部地区，这就决定了我国村镇房屋的抗震水平偏低。而且我国80%的人口居住在农村，现在又是地震多发期，使得村镇房屋的抗震问题更加突出。

1.2 地震的基本知识

1.2.1 地球内部构造

地震是来自地球内部运动的自然现象。因此，要认识地震，就得先了解地球的内部构造和它的运动规律。

地球的形状不是一个理想的圆球，而是一个稍带一点偏度的椭球体，两极半径稍短，赤道半径稍长，两者相差21 km，平均半径是6 371 km。地球具有圈层状的构造，由外向内可分为地壳、地幔和地核。

地壳是一层固体硬壳，由各种不同的岩石组成。除地表覆盖着一层薄薄的沉积岩、风化土和海水之外，地壳上部的密度较小，主要由花岗岩组成，叫硅铝层；地壳下部的密度较大，主要由更坚硬的玄武岩组成，叫硅镁层。海洋下面一般没有花岗岩，只有玄武岩。地壳的厚度在地球全部结构中，只占极薄的一层，且各处厚薄不一，平均厚度一般在33～45 km。世界上绝大部分地震都发生在这一薄薄的地壳内。

地幔主要由质地坚硬的橄榄岩组成。由于地球内部放射性物质不断释放热量，地球内部的温度也随深度的增加而升高。从地下20 km到地下70 km，其温度由大约600℃上升到2 000℃。在这一范围内的地幔中存在着一个厚约几百千米的软流层。由于温度分布不均匀，就发生了地幔内部物质的对流。另外，地球内部的压力是不均衡的，在地幔上部约为 900 MPa，地幔中间则达 370 000 MPa。地幔内部物质就是在这样的热状态下和不均衡压力作用下缓慢地运动着，这可能就是地壳运动的根源。到目前为止，所观测到的最深的地震发生在地下 720 km 左右，可见地震仅发生在地球的地壳和地幔上部。

地幔以下是地核，地核是地球的核心部分，半径约为 3 500 km，分为内核和外核，其主要构成物质是镍和铁。外核可能处于液态，厚度约为 2 100 km，内核可能是固态，半径约为 1 400 km（图 1.1）。

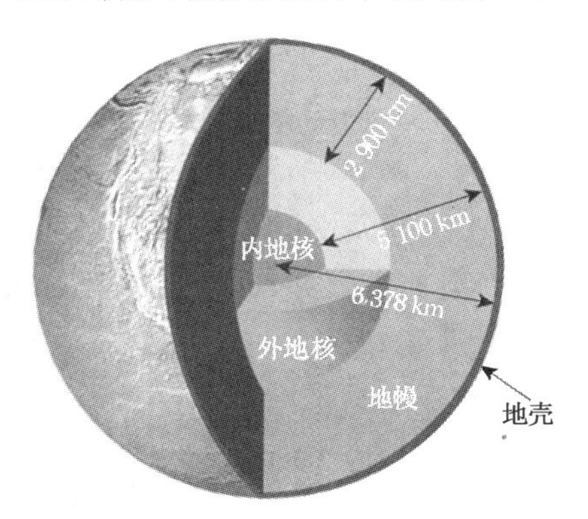

图 1.1 地球的内部结构

1.2.2 地震的类型和成因

地震是指地球表层（地壳）的快速振动。按其成因主要分为火山地震、陷落地震、诱发地震和构造地震。

由于火山活动时岩浆喷发冲击或热力作用而引起的地震，称为火山地震。火山地震一般较小，数量约占地震总数的 7%。由于地下水溶解可溶性岩石，或由于地下采矿形成的巨大空洞，造成地层崩塌陷落而引发的地震,称为陷落地震。这类地震约占3%,震级也都较小,往往发生在溶洞密布的石灰岩地区或大规模地下开采的矿区。由于人为活动(如人工爆破、水库蓄水、深井抽液或注液)而引起的地震,称为诱发地震。由于地壳运动使其薄弱部位发生断裂、错动而引起的地震,称为构造地震。这类地震发生的次数最多,约占全世界地震的90%,释放的能量最大,造成的危害也最大,因此是房屋建筑抗震设防的主要对象。

构造地震是地球内部构造活动的结果。地球内部在不停地运动着,存在着巨大的能量,而组成地壳的岩层在巨大的能量作用下,也不停地连续变动,不断地发生褶皱、断裂和错动,这种地壳构造状态的变动使岩层处于复杂的地应力作用下。地壳运动使地壳某些部位的地应力不断加强,当积聚的地应力超过岩层的强度极限时,岩层就会发生突然断裂和猛烈错动,从而引起振动。振动以波的形式传到地面,形成地震。由于岩层的破裂往往不是沿一个平面发展的,而是形成由一系列裂缝组成的破碎地带,沿整个破碎地带的岩层不可能同时达到平衡,因此,在一次强烈地震(即主震)之后,岩层发生变形和不断的零星调整,从而形成一系列余震。

板块构造学说可解释地应力的成因。地球表面的岩石层并不是整体一块的,而是被划分成若干板块,即欧亚板块、美洲板块、非洲板块、太平洋板块、澳洲板块和南极板块。板块之间在地幔物质对流及地球自转等动力因素作用下,不停地互相插入、摩擦、碰撞、挤压,从而产生了地应力。全球大部分地震带都分布在板块边界上。

1.2.3 地震的分布

1) 全球地震带

世界上有两条主要的地震带:环太平洋地震带和欧亚地震带,如图1.2所示。

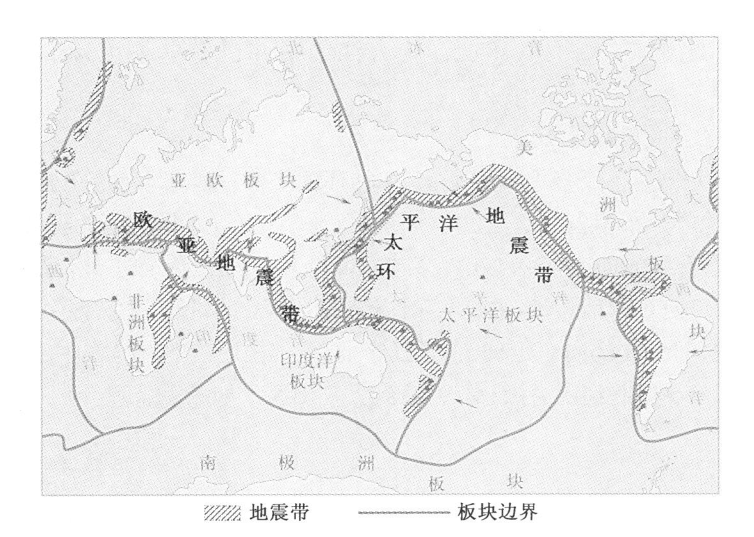

图 1.2 全球地震带分布图

(1) 环太平洋地震带基本上是太平洋沿岸大陆海岸线的连线,从南美洲的西海岸向北,到北美洲的西海岸的北端,再向西穿过阿留申群岛,到俄罗斯的堪察加半岛折向千岛群岛,沿日本列岛,地震带在此分为两支,一支沿琉球群岛南下,经过我国台湾省,到菲律宾、印度尼西亚;另一支转向马里亚纳群岛至新几内亚,两支汇合后,经所罗门到汤加,再突然转向新西兰。全世界 80%浅源地震、90%的中源地震以及几乎所有的深远地震都集中在这一地震带。

(2) 欧亚地震带是东西走向的地震带,西端从大西洋上的亚速尔岛起,向东途径意大利、希腊、土耳其、伊朗、印度,再进入我国西部与西南地区,向南经过缅甸与印度尼西亚,最后与环太平洋地震带的新几内亚相接。除环太平洋地震带外,几乎所有的中原地震带和大的浅源地震都发生在此带内,释放的能量占全部地震能量的 15%。

此外，在大西洋、印度洋等大洋的中部也有呈条状分布的地震带。

2）我国地震带

我国是一个多地震的国家，东临环太平洋地震带，南接欧亚地震带，地震分布相当广泛。我国主要地震带有两条：一是南北地震带，它北起贺兰山，向南经六盘山，穿越秦岭沿川西至云南省东北，纵贯南北。二是东西地震带，主要的东西构造带有两条，北面的一条沿陕西、山西、河北北部向东延伸，直至辽宁北部的千山一带；南面的一条，自帕米尔高原起经昆仑山、秦岭，直到大别山区。如图 1.3 所示。

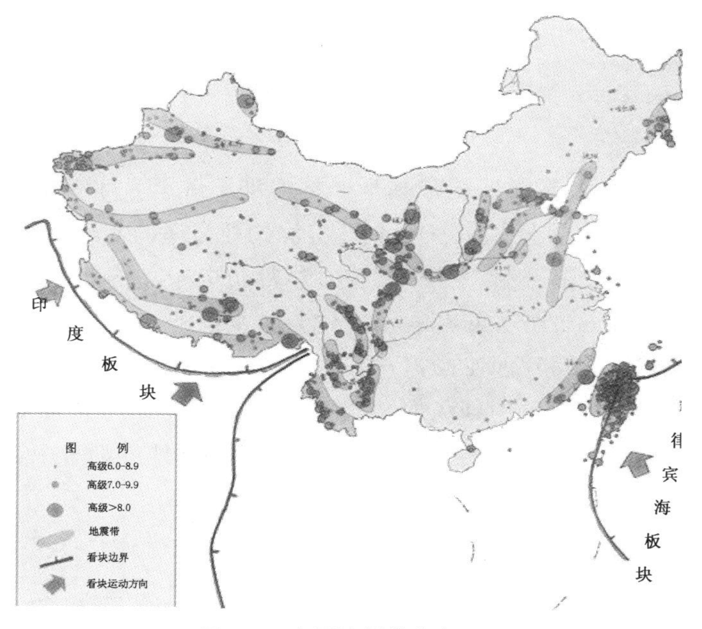

图 1.3　中国地震带分布图

根据这些地震带可将全国分为 6 个地震活动区：①南北地震带。②天山地震活动区。③华北地震活动区。④东南沿海地震活动区。⑤台湾及其附近海域。⑥喜马拉雅山脉活动区。

1.2.4 地震的基本术语

1.2.4.1 震源和震中

震源(earthquake focus):地球内部发生地震的地方称为震源。

震中(earthquake center):震源正上方相应地面位置称为震中。

震源深度(focal depth):震源到震中的垂直距离,称为震源深度。

震中距(epicentral distance):地面某处到震中的水平距离称为震中距。

震源距(focal distance):地面某处到震源之间的直线距离称为震源距。

极震区(meizoseismal area):在震中附近,振动最剧烈,破坏最严重的地区称为极震区。

等震线(isoseismal):一次地震中,在其所波及的地区内,根据地震烈度表可以对每一个地点评估出一个烈度,烈度相同点的外包线称为等震线(图1.4)。

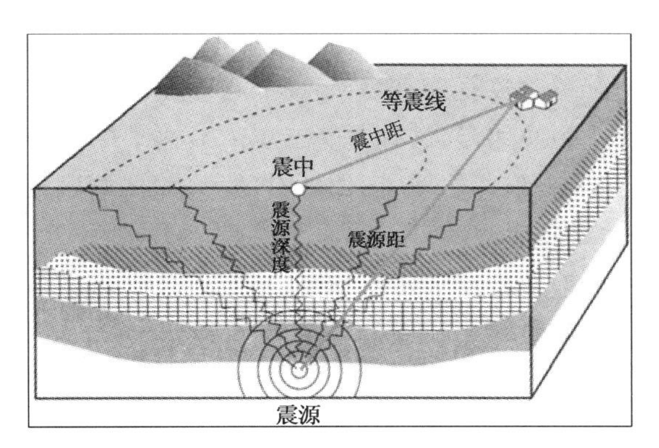

图1.4 常用地震术语示意图

地震按震源的深浅又可分为三类:一类是浅源地震,震源深度在 70 km 以内;二是中源地震,震源深度在 70～300 km 范围;三是深源地震,震源深度超过 300 km。浅源、中源和深源地震所释放的能量分别约占所有地震释放能量的 85%、12%和 3%。

1.2.4.2 地震波

地震引起的振动以波的形式从震源向各个方向传播并释放能量,这就是地震波。它包含在地球内部传播的体波和只限于地面附近传播的面波。

体波又包括两种形式的波,即纵波(P 波)和横波(S 波)。

纵波在传播过程中,其介质质点振动方向与传播方向一致,故又被称为压缩波或疏密波。纵波的周期短,振幅小,波速快。横波在传播过程中,其介质质点的振动方向与波的传播方向垂直,故又被称为剪切波。横波的周期相对长,振幅大,波速慢。

在地壳中,纵波的波速约为 7～8 km/s;横波的波速约为 4～5 km/s。所以当某地发生地震时,在地震仪上首先记录到的是纵波,然后是横波,根据两种波到达的时间差,可估计震源的距离。

面波是体波经地层界面多次反射、折射形成的次生波,它包括两种形式的波,即瑞利波(Rayleigh 波)和勒夫波(Love 波)。面波的质点振动方向比较复杂,既引起地面水平振动又引起地面垂直振动。这种波的波速慢,波速约为 3 km/s,振动周期长,振幅比体波的大,只在地表附近传播,比体波衰减慢,能传播到较远的地方。

1.2.4.3 地震震级

地震震级是衡量一次地震释放能量大小的尺度,目前国际上比较通用的是里氏震级。它是由里克特(C. F. Richter)在 1935 年提出的:即在距离震中 100 km 处,用标准伍德-安德生(Wood-Anderson)式标准地震仪(自振周期 0.8 s,阻尼系数0.8,放大倍数 2 800 倍)所记录到的最大水平位移的常用对数值。其表达

式为

$$M = \lg A \tag{1-1}$$

式中 M——地震震级，一般称为里氏震级；

A——标准地震仪记录的最大振幅（μm）。

如果震中距不是 100 km 时，则需按修正公式进行计算：

$$M = \lg A - \lg A_0 \tag{1-2}$$

式中 M——地震震级，一般称为里氏震级；

A——待定震级的地域记录的最大振幅（μm）；

A_0——标准地震在同一震中距处的最大振幅（μm）。

地震震级与地震释放的能量有如下经验关系式：

$$\lg E = 1.5M + 11.8 \tag{1-3}$$

式中 E——地震释放的能量，单位为 erg。

由式(1-1)和(1-3)可知，地震震级相差一级，地面振幅相差约 10 倍，而地震能量相差约 32 倍。

一般认为，小于 2 级的地震，人们感觉不到，只有仪器才能记录下来，称为微震；2～4 级地震，人们可以感觉到，称为有感地震；5 级以上地震能引起不同程度的破坏，称为破坏性地震；7 级以上的地震，则称为强烈地震或大震；8 级以上的地震，称为特大地震。20 世纪以来，有仪器记录到的最大震级为 2011 年 3 月 11 日日本本州岛发生的里氏 9.0 级地震，该次地震引发大规模海啸，造成重大人员伤亡，并引发日本福岛第一核电站发生核泄漏事故。

1.2.4.4 地震烈度

地震烈度是指某一地区地面和建筑物遭受一次地震影响的强弱程度。对于一次地震，震级只有一个，但它对不同地点的影响是不一样的。一般来说，震中距不同，地震烈度也不同，震中距愈远地震烈度愈低，反之则烈度愈高。此外，地震烈度还与地震大小、震源深度、地震传播介质、表土性质、建筑物动力特性等许多因素有关。

一般来说，震中烈度是地震震级和震源深度两者的函数。对于大量的震源深度在 10～30 km 的地震，其震中烈度 I_0 与震级 M 的对应关系见表 1.1。

表 1.1　震中烈度与震级的大致对应关系

震级 M	2	3	4	5	6	7	8	8
震中烈度 I_0	1～2	3	4～5	6～7	7～8	9～10	11	12

为评定地震烈度，就需要建立一个标准，这个标准就是地震烈度表。它是按照地震时人的感觉、地震所造成的自然环境变化和工程结构的破坏程度所制成的表格。另以地面加速度峰值和速度峰值为烈度的参考物理指标，作为地区性直观烈度标志的共同校正标准。目前我国采用的地震烈度表是 1999 年颁布的《中国地震烈度表》(表 1.2)，该烈度表以统一的尺度衡量地震的强烈程度，从无感到地面剧烈变化及山河改观划分为 12 个级别。

表 1.2　中国地震烈度表

烈度	在地面上人的感觉	房屋震害程度		其他震害现象	水平向地面运动	
		震害现象	平均震害指数		峰值加速度 (m/s^2)	峰值速度 (m/s)
1	无感					
2	室内个别静止中人有感觉					
3	室内少数静止中人有感觉	门、窗轻微作响		悬挂物微动		

续 表

烈度	在地面上人的感觉	房屋震害程度		其他震害现象	水平向地面运动	
		震害现象	平均震害指数		峰值加速度 (m/s^2)	峰值速度 (m/s)
4	室内多数人、室外少数人有感觉，少数人梦中惊醒	门、窗作响		悬挂物明显摆动，器皿作响		
5	室内普遍、室外多数人有感觉，多数人梦中惊醒	门窗、屋顶、屋架颤动作响，灰土掉落，抹灰出现微细烈缝，有檐瓦掉落，个别屋顶烟囱掉砖		不稳定器物摇动或翻倒	0.31 (0.22～0.44)	0.03 (0.02～0.04)
6	多数人站立不稳，少数人惊逃户外	损坏——墙体出现裂缝，檐瓦掉落，少数屋顶烟囱裂缝、掉落	0～0.10	河岸和松软土出现裂缝，饱和砂层出现喷砂冒水；有的独立砖烟囱轻度裂缝	0.63 (0.45～0.89)	0.06 (0.05～0.09)
7	大多数人惊逃户外，骑自行车的人有感觉，行驶中的汽车驾乘人员有感觉	轻度破坏——局部破坏，开裂，小修或不需要修理可继续使用	0.11～0.30	河岸出现坍方；饱和砂层常见喷砂冒水，松软土地上地裂缝较多；大多数独立砖烟囱中等破坏	1.25 (0.90～1.77)	0.13 (0.10～0.18)
8	多数人摇晃颠簸，行走困难	中等破坏——结构破坏，需要修复才能使用	0.31～0.50	干硬土上亦出现裂缝；大多数独立砖烟囱严重破坏；树梢折断；房屋破坏导致人畜伤亡	2.50 (1.78～3.53)	0.25 (0.19～0.35)

续 表

烈度	在地面上人的感觉	房屋震害程度		其他震害现象	水平向地面运动	
		震害现象	平均震害指数		峰值加速度(m/s^2)	峰值速度(m/s)
9	行动的人摔倒	严重破坏——结构严重破坏，局部倒塌，修复困难	0.51～0.70	干硬土上出现地方有裂缝；基岩可能出现裂缝、错动；滑坡坍方常见；独立砖烟囱倒塌	5.00 (3.54～7.07)	0.50 (0.36～0.71)
10	骑自行车的人会摔倒，处不稳状态的人会摔离原地，有抛起感	大多数倒塌	0.71～0.90	山崩和地震断裂出现；基岩上拱桥破坏；大多数独立砖烟囱从根部破坏或倒毁	10.00 (7.08～4.14)	1.00 (0.72～1.41)
11		普遍倒塌	0.91～1.00	地震断裂延续很长；大量山崩滑坡		
12				地面剧烈变化，山河改观		

注：1. 表中的数量词："个别"为10%以下；"少数"为10%～50%；"多数"为50%～70%；"大多数"为70%～90%；"普遍"为90%以上。

2. 1～5度以地面上人的感觉为主；6～10度以房屋震害为主，人的感觉仅供参考；11～12度以地表震害现象为主。

3. 在高楼上人的感觉要比地面上人的感觉明显，应适当降低评定值。

4. 表中房屋为单层或数层、未经抗震设计或未加固的砖混或砖木房屋。对于质量特别差或特别好的房屋，可根据具体情况，对表中各烈度相应的震害程度和震害指数予以提高或降低。

5. 表中震害指数是从各类房屋的震害调查和统计中得出的、反映破坏程度的数字指标，0表示无震害，1表示倒塌，平均震害指数可以在调查区域内用普查或随机抽查方法确定。

6. 在农村可按自然村为单位，在城镇可按街区进行烈度的评定，面积以1 km^2左右为宜。

7. 凡有地面强震记录资料的地方，表列水平向地面峰值加速度和峰值速度可作为综合评定烈度的依据。

1.3 我国古今砌体结构介绍及发展

由砖、石材或砌块组成，并用砂浆等胶结材料砌筑而成的结构，称为砌体结构。

砖和石材是两种古老的土木工程材料，砌体结构在我国有悠久的历史，可以追溯到原始社会。早在5 000年前我们的祖先就建造有石砌祭坛和石砌围墙。在我国烧结砖的生产和使用已有3 000年以上的历史。战国时期（公元前475年—前221年）已能烧制大尺寸空心砖，曾盛行于西汉，南北朝以后砖的应用更为普遍。

砌体结构在我国的发展大致可分为三个阶段：第一阶段是19世纪中叶以前，砖石结构主要为城墙、佛塔、石桥及少数砖砌重型穹拱佛殿。

据记载我国长城始建于公元前7世纪春秋时期的楚国，随后各国诸侯为了互相防御都在形势险要处修建城墙。秦始皇统一全国后，为防御北方匈奴的袭扰，用乱石和土将秦、燕、赵北面的城墙连成一体并增筑新的城墙，建成闻名于世的万里长城。明代又多次使用大块精致城砖重修，至今在河北、山西仍可见。

建于公元523年（北魏时期）的河南登封嵩岳寺塔，平面为十二边形，共15层，总高43.5 m，为砖砌单筒体结构，是中国最早密檐式砖塔。西安大雁塔也为砖砌单筒体结构，高超过60 m，1 200多年来，历经数次地震，仍巍然屹立。河北定县料敌塔高约84 m，为砖砌双筒体结构。

隋代开皇十五年至大业元年，即公元595—605年由李春建造的河北赵县安济桥（赵州桥），在桥两端各建有两个小型拱券，既减轻了桥的自重，又减小了水的阻力，是世界上现存最早、跨度最大的空腹式单孔圆弧石拱桥。该桥无论在材料的使用、结构的受力、艺术造型和经济方面，都达到了高度的成就，1991 年被美国土木工程师协会(ASCE)选为第 12 个国际历史土木工程里程碑。

明洪武年间(1368—1398 年)建造的南京灵谷寺无梁殿后面的走廊为砖砌穹窿，显示了我国古代应用砖石结构的一个方面。苏州开元寺无梁殿建于明万历四十六年(1618 年)，四川峨眉万年寺亦有明万历三十年(1602 年)建造的砖穹顶。砖砌穹窿结构将砖砌体直接用于房屋建筑中，使抗拉承载力低的砌体结构能跨越较大的空间，显示了我国古代应用砌体结构方面的伟大成就。

第二阶段是 19 世纪中叶以后至新中国成立以前大约 100 年期间，广泛采用黏土砖建造单层或两、三层的低层房屋。这一阶段对砌体结构的设计系按容许应力法粗略进行估算，而对经验分析则缺乏较正确的理论依据。

1824 年英国人阿斯普丁发明的波特兰水泥使砂浆的强度大大提高，进一步提高了砌体结构的质量，促进了砌体结构的发展。因此，19 世纪欧洲建造了各式各样的砖石建筑物，特别是多层房屋。但我国由于处在半殖民地半封建社会的特殊历史阶段，不可能很好地进行国家建设和进行必要的科学研究，因此砌体结构的实践和理论的发展极缓慢。

第三阶段是新中国成立后，随着大规模的经济建设，砌体结构得到迅速发展。在砌体结构的应用范围的扩大，新材料、新技术、新结构的研制和推广应用，计算理论和设计方法的逐步完善等方面取得了显著的成绩。

(1) 砌体结构应用范围的扩大

我国已从过去用砌体结构建造低矮的民房，发展到现在建造大量的多层住宅、办公楼等民用建筑，中、小型单层工业厂房、多层轻工业厂房以及影剧院、食堂、仓库等建筑，烟囱、筒仓、拱桥、挡土墙等构筑物。应用范围的扩大与增多与砌筑材料发展有着不可分割的联系，新中国成立以后，我国砖的产量逐年增加。据统计，1980 年全国砖的产量约为 1 566 亿块，1990 年增至 6 200 亿块，为世界其他国家砖年产量的总和，全国基本建设中墙体材料 90%以上为砌体。长期以来，我国还逐步积累了在地震区建造砌体结构房屋的宝贵经验。唐山地震后，抗震规范设计开始要求在砌体墙中设置构造柱和圈梁，2008 年的汶川地震和 2010 年青海玉树地震验证了这一做法的有效性，但也暴露了地震区砌体结构的一些弊端，尤其是无筋砌体结构。据不完全统计，从 20 世纪 80 年代初至今，我国主要大中城市建造的多层砌体结构房屋已达 70 亿～80 亿 m^2。综上所述，砌体结构作为一种重要的土木工程形式，在我国的应用范围仍将十分广泛。

(2) 新材料、新技术、新结构的研制和推广应用

从 20 世纪 60 年代末提出墙体材料革新至今，我国新型墙体材料有了显著的发展。六七十年代，混凝土小型砌块在我国南方城乡得到推广和应用，并取得显著的社会和经济效益。改革开放后迅速由乡镇推向城市，由南方推向北方，由低层推向中、高层，从单一功能发展到多功能，如承重、保温、装饰块。据 1996 年统计全国砌块总产量 2 500 万块，砌块建筑面积 5 000 万 m^2，每年以 20%的速度递增，1998 年统计已达 3 500 万块，各类砌块建筑总面积达 8 000万 m^2。采用混凝土、轻集料混凝土，以及利用各种工业废料、粉煤灰、煤矸石等制成的非烧结混凝土砌块代替烧结黏土砖，既保留了砖结构取材广泛、施工方便、造价低廉等特点，又具有强度高、延性好、不毁坏耕地、能耗较低和环保等特性。2000 年我国新型墙体材料占墙体材料总量的 28%，产量达到 2 100 亿块，共完成建筑面积 3.3 亿 m^2，完成节能建筑 7 470 万 m^2，累计节约耕地 4 万 hm^2，节约能耗 6 000 万 t 标准煤，利用工业废渣 3.2 亿 t，减

少了一氧化硫和氮氧化物等有害气体排放。

我国对配筋砌体结构的研究起步较晚。20 世纪 80 年代主要探讨砖混组合墙及设有构造柱组合砖墙在中高层房屋中的应用，取得了一定的成果。90 年代以来，我国加快并深化了对配筋混凝土砌块砌体结构的研究和应用，在吸收和消化国外配筋砌体结构成果的基础上，建立了具有我国特点的配筋混凝土砌块砌体剪力墙结构体系，大大拓宽了砌体结构在高层房屋及在抗震设防地区的应用。近年来已建成不少配筋混凝土砌块砌体剪力墙结构的高层房屋。如辽宁盘锦国税局 15 层和上海园南新村 18 层配筋砌块剪力墙住宅。

(3) 计算理论和设计方法的逐步完善

20 世纪 50 年代以前，我国所建造的砌体结构房屋主要是住宅等民用建筑，不但层数低，且只凭经验设计。1956 年国家建设委员会批准在全国使用前苏联的《砖石及钢筋砖石结构设计标准及技术规范》(HuTy 120—1955)。20 世纪六七十年代初，我国在全国范围内对砖石结构进行了较大规模的调查和试验研究，总结了一套符合我国实际、比较先进的砖石结构计算理论和设计方法，并于 1973 年颁布了我国第一本《砖石结构规范》(GB J3—1973)。1988 年进行了修订，颁布了《砌体结构设计规范》(GB J3—1988)。该规范摒弃了 1973 版采用的单一安全系数的极限状态设计方法，而是以概率理论为基础，以分项系数的设计表达式进行计算的极限状态设计方法，在砌体结构可靠度设计方面已提高到当时的国际水平。其中多层砌体结构房屋的空间工作，以及在墙梁中墙和梁的共同工作等专题的研究成果在国际上处于领先地位，使我国砌体结构理论和设计方法趋于完善。20 世纪 90 年代至 21 世纪初，国内对砌体结构的研究有新的进展，再次对规范进行了修订，颁布了《砌体结构设计规范》(GB 50003—2001)。在新规范中，为适应我国墙体材料革新的需要，增加了许多新型砌体材料，扩充了配筋砌体结构的类型。经过汶川、玉树等几次地震后，以及在进行了必要的试验研究及在借鉴砌体结构领域科研的成熟成果基础上，第三次对规范进行修订，颁布了《砌体结构设计规范》(GB 50003—2011)。新规范增补了在节能减排、墙材革新的环境下涌现出来的部分新型砌体材料的条款，完善了有关砌体结构耐久性、构造要求、配筋砌块砌体构件及砌体结构构件抗震设计等有关内容，同时还对砌体强度的调整系数等进行了必要的简化。

1.4 国外砌体结构简介

在国外，采用石材和砖建造各种建筑物也有着悠久的历史。在欧洲，大约在 8 000 年前已开始采用晒干的土坯。大约在5 000～6 000年前，已采用经凿琢的天然石。于公元前 447 年开始兴建的帕特农神庙，代表了当时希腊建筑艺术的最高水平。

埃及在公元前 3 000 年在吉萨采用块石建成三座大金字塔，工程浩大，气势恢宏。罗马在公元 72—82 年采用石结构建成罗马大角斗场(科洛西姆圆形竞技场)，平面为椭圆形，长轴 189 m，短轴 156.4 m，高 48.5 m，分四层，可以容纳 5～8 万观众。中世纪在欧洲用加工的天然石和砖砌筑的拱、券、穹窿和圆顶等结构型式得到很大发展。如公元 6 世纪(公元 532—公元 637 年)在君士坦丁堡建成的圣索菲亚大教堂，东西长 77 m，南北长 71.7m，整个屋盖由一个直径为 32.6 m 的圆形穹窿和前后各一个半圆形穹窿组合而成，为砖砌大跨结构，具有很高的技术水平。于 1350 年建成的著名的意大利比萨斜塔，以其建筑造型与和谐风姿而闻名，尤以其基础不均匀沉降引起塔体倾斜著称。

在近代，国外砌体结构的发展也很快。尤其波特兰水泥的发明使砂浆强度大大提高，最早的混凝土砌块于1882年问世，两者极大地推动了砌体结构的发展。19世纪末和20世纪初以来，欧美和前苏联都建造了不少高层砌体结构房屋。1889年在美国芝加哥建造了第一幢高层砌体结构房屋，即Monadnock大楼，17层，高66 m，它是用砖砌体和铁两种材料建成的。

20世纪60年代以来，欧美等许多国家研究、生产出了不少性能好、质量高的砌体材料，同时在砌体结构的理论研究和设计方法上也取得了很多成果，推动了砌体结构的发展。

目前，欧美及澳大利亚等国砖的抗压强度一般均可达到30～69 MPa，且能生产强度高于100 MPa的砖，空心砖的重力密度一般为13 kN/m^3 轻的则达6 kN/m^3。国外采用的砌筑砂浆的强度也较高，美国ASTMC270标准规定的M、S、N三类水泥石灰混合砂浆的抗压强度分别为25.5 MPa、20 MPa、13.9 MPa，德国的混合砂浆抗压强度为13.7～41.1 MPa，还可生产高黏结强度砂浆。由于砖和砂浆材料性能的改善，砌体的抗压强度也大大提高，美国及西欧等国20世纪70年代砖砌体的抗压强度已达20 MPa以上，接近或超过普通混凝土的强度。美国德克萨斯大学试验的一种采用聚合物浸渍的砖砌体，抗压强度高达120 MPa。

国外砌块的发展也相当迅速，一些国家在20世纪70年代砌块的产量就接近普通砖的产量。世界上发达国家20世纪60年代已完成了从实心黏土砖向各种轻质、高效高功能墙材的转变，形成以新型墙体材料为主、传统墙体材料为辅的产品结构，走上现代化、产业化和绿色化的发展道路。在意大利，空心砖的产量占总产量的80%～90%，空心率可高达60%，在瑞士和保加利亚，多层住宅几乎全部采用空心砖。

1931年新西兰那皮尔大地震和1933年美国长滩大地震时，大量的非配筋砌体结构被震塌。这使人们认识到，传统的非配筋砌体结构的抗震性能是很差的，曾一度导致非配筋砌体在地震区被禁用。现代配筋砌体的发展一般认为是从印度的A. Brebner对配筋砌体的先遣研究开始的，他于1923年发表了为期两年的试验研究的结果。近年来，许多国家对配筋砌体的研究和应用方面取得了较大的进展，特别是配筋砌块剪力墙结构体系的应用为砌体结构在高层建筑和地震区的应用开辟了新的途径。配筋砌体大体上有两种形式：一种形式是采用空心砖或空心砌块，在空洞内设置竖向钢筋并灌浆或灌混凝土；另一种形式是将墙砌筑成内、外两层，用钢筋砂浆或钢筋混凝土作中间层。美国于20世纪70年代在匹兹堡建造了一座20层的配筋房屋。英国于1981年提出了配筋砌体和预应力砌体设计规范。在美国科罗拉多州建造的一座20层配筋砌体塔楼和在加州建造的采用高强混凝土砌块并配筋的希尔顿饭店，都经受了地震的考验而未受损坏。此外，国外对预制砖墙板的研究也相当重视。20世纪60年代，前苏联采用预制砖墙板建造的房屋面积已超过400万m^2。在美国德克萨斯州奥斯汀市曾采用76 mm的预制砖墙板作一幢27层房屋的外围护墙。近些年，美国的预制装配折线形砖墙板和加拿大的预制槽形及半圆筒拱形墙板，均已在工程上应用。

在设计理论与规范方面，前苏联是世界上最先较完整地建立砌体结构理论和设计方法的国家，并于1939年颁布《砖石结构设计标准及技术规范》(OCT—90038—39)，50年代在对砌体结构进行了一系列试验和研究的基础上，提出了按极限状态设计方法，英国、意大利等国的规范也采用了该方法。20世纪60年代以来欧美等许多国家加强了对砌体材料的研究和生产，在砌体结构理论、计算方法以及应用上取得了许多成果。国际建筑研究与文献委员会承重墙工作委员会(CIBW23)于1980年编写的《砌体结构设计和施工的国际建议》(CIB58),以及国际标准化组织砌体结构技术委员会ISO/TC179编制的国际砌体结构设计规范都采用了以近似概率理论为基础的安全度准则。

1.5 村镇砌体结构建筑

1.5.1 村镇砌体结构类型

中国农民占总人口的80%以上,且基本上都居住在经济相对落后的村镇,因此砌体结构在村镇建筑中占了相当大的比重。我国地域广阔,各个地区间的经济水平、生活习惯、原材料等有差异,决定了砌体结构多种多样。从材料上分,主要有砖砌体结构、石砌体结构和各种砌块砌体结构。根据砌体的受力性能分为无筋砌体结构、约束砌体结构和配筋砌体结构。其中,配筋砌体结构主要用于多层和高层建筑中,在村镇住宅方面很少采用。

1.5.1.1 无筋砌体结构

常用的无筋砌体结构有砖砌体、砌块砌体和石砌体结构。

1) *砖砌体结构*

它是由砖砌体制成的结构,视砖的不同分为烧结普通砖、烧结多孔砖、混凝土多孔砖和非烧结硅酸盐砖砌体结构。砖砌体结构的使用面广。根据现阶段我国墙体材料改革的要求,实行限时、限地禁止使用黏土实心砖。对于烧结黏土多孔砖,应认识到它是墙体材料革新中的一个过渡产品,其生产和使用亦将逐步受到限制。

2) *砌块砌体结构*

它是由砌块砌体制成的结构。我国主要采用普通混凝土小型空心砌块砌体和轻骨料混凝土小型空心砌块以及自保温砌块砌体,是替代黏土实心砖砌体的主要承重砌体材料。当其采用混凝土灌孔后，又称为灌孔混凝土砌块砌体。在我国，混凝土砌块砌体结构有较大的应用空间和发展前途。

3）*石砌体结构*

它是由石砌体制成的结构，根据石材的规格和砌体的施工方法的不同分为料石砌体、毛石砌体和毛石混凝土砌体。石砌体结构主要在石材资源丰富的地区采用。

1.5.1.2 配筋砌体结构

配筋砌体结构是由配置钢筋的砌体作为主要受力构件的结构，即通过配筋使钢筋在受力过程中强度达到流限的砌体结构。配筋混凝土砌块砌体剪力墙，具有和钢筋混凝土剪力墙类似的受力性能。但二者之间也存在一定的差别。配筋砌体结构具有较高的承载力和延性，改善了无筋砌体结构的受力性能，扩大了砌体结构的应用范围。配筋砌体结构在国外至少有数十年的历史，在我国只有三十余年的过程，目前只在城市多高层住宅中采用。例如，在南宁、沈阳、本溪及鞍山等地建成了一批 8～12 层的配筋砌块砌体建筑。

1.5.1.3 约束砌体结构

通过竖向和水平钢筋混凝土构件约束砌体的结构，称为约束砌体结构。最为典型的是在我国广为应用的钢筋混凝土构造柱（砌块芯柱）—圈梁形成的砌体结构体系。它在抵抗水平作用时使墙体的极限水平位移增大，从而提高墙的延性，使墙体裂而不倒。其受力性能介于无筋砌体结构和配筋砌体结构之间，或者相对于配筋砌体结构而言，是配筋加强较弱的一种配筋砌体结构。如果按照提高墙体的抗压强度或抗剪强度要求设置加密的钢筋混凝土构造柱（砌块芯柱）及水平配筋，则属于配筋砌体结构，这是近年来我国对构造柱作用的一种新发展。

1.5.2 村镇砌体结构抗震能力现状和震害调研

在汶川、青海地震中，遭受破坏和倒塌的房屋除建成时间较早、未经抗震加固或施工质量存在重大问题的城市建筑外，基本上都是村镇建筑，并且也是造成人员伤亡最大的建筑。

因此，住建部和广大工程设计人员开始重视我国农村地区的住宅现状。中国建筑科学研究院的课题组成员从 2009 年 9 月到 2010 年 5 月在全国范围内开展了村镇民居的调研活动，到不同省区、不同区域的农村实地走访，全面收集农村房屋现状的基本建设资料，了解不同地区现有村镇结构住宅的建筑材料、结构形式、施工工艺、破坏形式、维修加固等信息。

1.5.2.1 村镇砌体住宅的抗震状况及建筑做法

根据经济情况的不同，村镇房屋抗震状况大致可以分为三类：第一类是经济高度发达地区，房屋为别墅式建筑，有统一的规划，部分有设计图纸，在一定程度上考虑了抗震设防；第二类是经济中等地区，房屋以平房为主，主要为黏土砖墙。虽在一定程度上考虑了结构安全，但基本上未考虑抗震设防。此类房屋数量最大，根据屋盖其结构形式可分为砖木结构和砖混结构，是抗震设防的重点；第三类为山区和边远贫困地区，其结构形式多为生土墙体承重房屋(土坯墙房屋、夯土墙房屋、土窑洞)、砖土混合承重房屋(砖柱土山墙，下砖上土坯)等。对这类房屋，无论是概念设计还是构造要求等均不能满足抗震要求，若进行抗震加固则费用将会很高，从经济上来说不如重建。

调查显示，我国村镇住宅的墙体材料以砖砌体为主，同时还有多孔砖、石材、混凝土砌块等，其中实心黏土砖占 86.84%，包括红砖和青砖，黏土砖的规格为 240 mm×115 mm×53 mm。按照墙体的砌筑方式不同可分为实心墙和空斗墙两种。

(1) 实心墙 《镇(乡)村建筑抗震技术规程》(JGJ 161—2008)要求:纵横墙交接处沿墙体高度每500 mm有拉结筋连接,每边深入墙体的长度不小于750 mm。根据调研情况,在部分经济条件较好地区,设置拉结筋的砌体房屋所占比例较高,相反,贫困地区的砌体房屋则较少采取拉结措施。另外,由于各地工匠的技术水平参差不齐,村镇砌体墙的砌筑质量存在较大差异。如不能同时砌筑的纵横墙,应留踏步槎而未留;砖墙砌筑未能达到横平竖直、立皮数杆等。灰缝饱满度对砌体墙的承载力有很大影响,调研发现部分地区砖墙灰缝饱满度较差。

(2) 空斗墙 空斗墙一般只用于隔墙和填充墙,然而调查发现,在我国南方地区,为了节省材料和保温隔热、隔声,空斗墙普遍存在且用于承重墙。空斗墙本身就是一种非匀质砌体,坚固性和抗震性能明显较实心墙差,加上农民建房时随意性较大,因此存在很多问题和隐患。空斗墙房屋震害形式主要有:①抗剪能力和整体性差,房屋墙体出现斜裂缝、X形裂缝和水平裂缝;②大多数空斗墙的纵横墙交接处没有采用实心砌法或采取其他拉接措施,纵横墙交接处连接薄弱,墙体在纵横墙交接处开裂;③使用空心预制楼板未设置圈梁的空斗墙体房屋,因横墙开裂导致预制楼板顺板缝开裂。建议在地震区,空斗墙应谨慎采用。

1.5.2.2 村镇砌体结构住宅的承重体系

结构的抗震性能与多种因素有关,其中最主要的是结构体系的选择。根据调查,村镇砌体结构的结构体系形式多样,抗震性能也千差万别。

(1) 横墙承重体系

在经济贫困地区,砌体结构大多采用砖混结构,当横墙间距较小且为坡屋顶时,多直接在内横墙及山墙上搁置檩条。这种结构一般无圈梁,檩条与墙体间缺少有效拉结,整体性较差。由于屋盖没有有效的拉结措施，山墙为独立悬墙，纵墙又仅承担自重，起围护和稳定作用，所以山墙平面外抗弯刚度很小，在纵向地震作用下，山墙承受檩条传来的水平推力，极易产生外闪破坏。《镇(乡)村建筑抗震技术规程》(JGJ 161—2008)中要求，硬山搁檩仅适于烈度为6、7度的地区，在8度及以上高烈度地区不应采用，而实际应用非常普遍。

当横墙间距较小且平为屋顶时，经济条件中等地区如华中、中南地区多采用横墙上直接搁置预制板的做法。楼板虽具有一定刚度，一旦楼板支承长度不足或没有可靠的连接措施，有一定的水平错动时就会掉落，便会造成重大伤亡。汶川地震中就出现了大量预制板楼盖砌体房屋倒塌的震害现象。在经济富裕的地区，可采用现浇楼板，房屋整体性好，地震时即使墙体局部倒塌也不会造成楼盖整体塌落。

总之，横墙承重体系由于墙片较多，抗震性能较好，但必须保证纵、横墙的连接以及楼、屋盖与墙体的连接，否则会出现由于整体性较差引起的严重破坏。

(2) 纵墙承重体系

该体系在房屋大开间时广泛采用，屋盖一般为钢(木)屋架、混凝土梁或木梁。这类房屋由于横墙间距较大，横向刚度较差，对纵墙的支承较弱，纵墙在地震作用下易出现弯曲破坏。实际应用非常普遍。

(3) 纵横墙混合承重体系

该体系房屋主要是依建筑功能要求建成，一般要求中间为大开间，两端为小开间，中间的横墙拿掉，换之以屋架或大梁搁置于外纵墙，而两端采用硬山搁檩或直接搭预制楼板等。这种纵横墙混合承重体系由于共同分担地震力，墙体的地震作用有所减轻，但由于墙体间以及屋盖与墙体的实际连接较弱，整体性较差，抗震性能较弱。

(4) 纵墙与柱混合承重体系

该类结构屋盖一般为钢(木)屋架,其一端直接搁置在墙体上,另一端置于柱顶。柱子的材料根据当地情况选用,有预制混凝土柱、木柱、砖柱等。这种结构体系由于房屋开间较大,横墙较少,横向抗震能力较弱;缺少正面纵墙,前排柱与后排外纵墙的刚度相差较大,造成刚心与质心明显偏离。在地震力作用下,易发生扭转破坏。由于柱子的抗侧能力明显小于纵墙,在纵向地震力作用下易提前破坏,造成房屋倒塌。这类体系在各地均有采用,尤其在北方追求正面较大采光和采暖要求时,应用非常普遍。

(5) 砖柱、纵横墙内外跨混合承重体系

这类房屋的主要形式是两层两跨,内跨居住,有纵横墙,外跨无墙不封闭,做走廊。内、外跨的跨度不等,外跨较小,竖向荷载主要由砖柱承担,内跨由墙体承担。外跨无楼板时,砖柱高度较大,稳定性较差。多数结构内、外跨均有楼板,稳定性稍好,但这种结构类型同纵墙与柱共同承重的结构形式,各跨纵向刚度不均匀,尤其是外跨,在纵向地震力作用下,外跨柱率先倒塌。横向构件由于内跨为横墙,外跨是梁、柱,刚度也不均匀,在横向地震力作用下,外跨柱也易率先倒塌。

这类房屋在重庆、江西、山西及福建等地均有分布,这与当地的居住习惯和房屋功能有关,南方地区较多,北方偏少,一般北方将外廊作成挑檐或阳台,不再增加跨数。这种增加外跨走廊的做法在地震区非常不利,应采取加强措施,增加抗震能力。

(6) 外推墙砖混结构体系

外推墙砖混结构体系一般是前纵墙在2层横向外挑,有的甚至前后均外挑。但这样造成横向外挑的2层外纵墙与1层的外纵墙上下不连续,结构的竖向刚度分布很不均匀,导致此类房屋在地震力作用下2层、3层普遍破坏严重。汶川地震中也出现了很多外推墙结构墙体开裂和破坏的震害现象。因此,这类房屋的抗震性能由于外推墙造成的刚度变化明显削弱,应加以改进,避免外推。

在汶川地震灾区倒塌和损毁的房屋中,农村房屋占的比例非常大。因此,切实提高农村房屋的抗震性能,最大限度地减轻地震灾害损失,具有重要的社会意义。

1.6 我国现行抗震规范标准

我国的抗震设计标准起步较晚,1964年才提出建筑物和构筑物抗震设计规范的初稿,1974年发布第一本建筑物通用的抗震设计规范(试行),1976年唐山地震后进行了修订并发布了建筑物通用的抗震设计标准。

目前我国针对村镇住宅建筑抗震的设计规范、规程主要有《建筑抗震设计规范》(GB 50011—2010)、《砌体结构设计规范》(GB 50003—2011)、《镇(乡)村建筑抗震技术规程》(JGJ 161—2008)、《村镇住宅建筑设计技术规程》。

现行《建筑抗震设计规范》是国家2010年再次修订后颁布实施的,此次修订总结了2008年汶川地震震害的经验,增加了砌体结构楼梯间增设构造柱的强制性要求,改进了多层砌体房屋、配筋砌体房屋的抗震措施,取消了内框架砖房的内容。

2011年我国又在《砌体结构设计规范》(GB 50003—2001)的基础上对砌体结构设计规范进行修订并颁布实施。此次修订总结了近年来砌体结构应用的新经验,调查了我国汶川、玉树地震中砌体结构的震害,并在进行了必要的试验研究及在借鉴砌体结构领域科研的成熟成果基础上,增补、简化和完善部分内容。主要修订内容是:增加了适应节能减排、墙体革新要求、成熟可行的新型砌体材料，并提出相应的设计方法；根据试验研究，修订了部分砌体强度的取值方法，对砌体强度调整系数进行了简化；增加了提高砌体耐久性的有关规定；完善了砌体结构的构造要求；针对新型砌体材料墙体存在的裂缝问题，增补了防止或减轻因材料变形而引起墙体开裂的措施；完善和补充了夹心墙设计的构造要求；补充了砌体组合墙平面外偏心受压计算方法；扩大了配筋砌块砌体结构的应用范围，增加了框支配筋砌块剪力墙房屋的设计规定；根据地震震害，结合砌体结构特点，完善了砌体结构的抗震设防设计方法。

《镇(乡)村建筑抗震技术规程》(JGJ 161—2008)是2008年发布的专门针对村镇建筑的一本技术规程。它的使用对象为县设计室、村镇建设协理员和村镇建筑工匠等层次较低的设计单位和技术人员。该规程将不同烈度、不同层数、各种砌体、不同砂浆强度等级，以及各种开间和进深等情况下的地震作用计算转换成表格，方便查询计算。

本手册是在结合《建筑抗震设计规范》和《镇(乡)村建筑抗震技术规程》的基础上，针对村镇建筑中绝大多数的砌体结构房屋，进行了深入的研究和调查，进一步细化了相关的条文和构造措施，简化了地震作用的计算，能够方便更多的村民自行查用。

本章参考文献

[1] 中华人民共和国国家标准. 镇(乡)村建筑抗震技术规程(JGJ 161—2008)[S]. 北京：中国建筑工业出版社，2008
[2] 丁大钧，蓝宗建. 砌体结构. 第2版. 北京：中国建筑工业出版社，2011
[3] 施楚贤. 砌体结构. 第2版. 北京：中国建筑工业出版社，2008
[4] 傅传国. 砌体结构. 北京：科学出版社，2005
[5] 苏小卒. 砌体结构设计. 上海：同济大学出版社，2002
[6] 董明海，宋丽. 砌体结构设计原理. 西安：西安交通大学出版社，2010
[7] 何培玲. 砌体结构. 北京：中国电力出版社，2011

[8] 李爱群,高振世.工程结构抗震与防灾.南京:东南大学出版社,2003
[9] 尚守平,周福霖.结构抗震设计.第2版.北京:高等教育出版社,2010
[10] 周云,张文芳,宗兰,等.土木工程抗震设计.第2版.北京:科学出版社,2011
[11] 张小云.建筑抗震.北京:高等教育出版社,2003
[12] 冯玉强,宋增红.村镇房屋建设中的抗震问题[J].工程质量,2008(1):9-11
[13] 葛学礼,王亚勇,申世元,等.村镇建筑地震灾害与抗震减灾措施[J].工程质量,2005(12):671-674
[14] 曾银枝,李保华,徐福泉,等.村镇砌体结构住宅抗震性能现状分析[J].工程抗震与加固改造,2011,33(3):121-126

第 2 章

村镇砌体结构材料及其力学性能

村镇住宅结构及结构构件材料的物理性能、力学性能和耐久性能应符合国家现行标准的有关规定及设计要求，且应符合抗震性能要求。砌体是由块体和砂浆砌筑而成的整体材料。根据砌体中是否配置钢筋，砌体可以分为无筋砌体和配筋砌体。考虑到村镇的技术经济条件及适应性，本章重点论述无筋砌体材料及其基本力学性能。

2.1　砌体材料

2.1.1　砖

在中国，砖是砌体结构中应用最为广泛的一种块材，历史仅次于石材。主要包括烧结普通砖、烧结多孔砖和非烧结硅酸盐砖等。

烧结普通砖是以页岩、煤矸石、粉煤灰、黏土为主要原料，装模成型后，送入焙烧窑经过高温烧结而成，见图 2.1(a)。最常用的标准砖规格尺寸为 240 mm×115 mm×53 mm，国外很多国家的砖基本上也采用这个尺寸。根据《砌体结构设计规范》(GB 50003—2011)，按抗压强度分为 MU30、MU25、MU20、MU15 和 MU10 五个强度等级，具体要求应满足表 2.1 的规定。

以页岩、煤矸石、粉煤灰、黏土为主要原料，经焙烧而成，孔洞率不小于25%,孔的尺寸小但数量多,主要用于承重部位的砖称为烧结多孔砖,简称多孔砖,见图2.1(b)。其强度等级划分同烧结普通砖。当孔洞率大于或等于40%时,主要用于非承重部位的砖称为烧结空心砖。

(a) 烧结普通砖

(b) 烧结多孔砖

(c) 蒸压灰砂砖

(d) 蒸压粉煤灰砖

图2.1 我国主要的砖种类

表2.1 烧结普通砖、烧结多孔砖强度等级(MPa)

强度等级	抗压强度平均值不小于	变异系数 $\delta \leq 0.21$	变异系数 $\delta > 0.21$
		抗压强度标准值不小于	单块最小值不小于
MU30	30.0	22.0	25.0
MU25	25.0	18.0	22.0
MU20	20.0	14.0	16.0
MU15	15.0	10.0	12.0
MU10	10.0	6.5	7.5

非烧结硅酸盐砖主要包括蒸压灰砂砖和蒸压粉煤灰砖,见图2.1(c)、图2.1(d)。蒸压灰砂砖和蒸压粉煤灰砖是以粉煤灰或其他矿渣或灰砂为原料,添加石灰、石膏以及骨料,经胚料制备、压制成型、高效蒸汽养护等工艺制成。蒸压砖的抗冻性、耐蚀性、抗压强度等多项性能都优于实心黏土砖的人工石材。砖的规格尺寸与普通实心黏土砖完全一致,为240 mm × 115 mm × 53 mm,所以用蒸压砖可以直接代替实心黏土砖,是国家大力发展、应用的新型墙体材料。蒸压灰砂砖和蒸压粉煤灰砖的抗压强度分为MU25、MU20、MU15和MU10四个

强度等级。值得注意的是，在确定蒸压粉煤灰砖的强度等级时，应考虑碳化的影响，其抗压强度应乘以自然碳化系数，当无自然碳化系数时应取人工碳化系数的1.15倍。此外，蒸压灰砂砖和蒸压粉煤灰砖不得用于长期受热200℃以上、受急冷急热和有酸性介质侵蚀的建筑部位，MU15及以上的蒸压灰砂砖可用于基础及其他建筑部位，蒸压粉煤灰砖用于基础或用于受冻融和干湿交替作用的建筑部位时，必须使用一等砖。蒸压灰砂砖和蒸压粉煤灰砖中粉煤灰掺量不宜过多，否则易引起墙体裂缝。

上述各种砖中，烧结普通砖是一种传统材料，但需耗大量黏土，不利于可持续发展。我国实心黏土砖已被列为限时、限地禁止使用的墙体材料；“十一五”期间，积极推进禁止使用实心黏土砖(简称：“禁实”)，2010年底全国城市城区基本完成“禁实”任务，新型墙体材料比重达到55%的目标，全国以非黏土多孔砖、轻质墙板、砌块为主的新型墙体材料生产和应用格局基本形成，建筑应用比例达到65%以上，部分城市在禁止使用的基础上，积极推进禁止生产。部分省市在完成城市城区“禁实”任务基础上，有序向县城推进，一些地区正积极向有条件的农村推进。黏土多孔砖、页岩实心和多孔砖属于过渡的墙体材料；实心或多孔的煤矸石砖、粉煤灰砖、灰砂砖以及粉煤灰砖属于新型墙体材料[1]。

2.1.2 砌块

制作砌块的材料很多，如普通混凝土、轻骨料混凝土以及各种工业废渣、粉煤灰配制的混凝土等。砌块按尺寸大小可分为小型、中型和大型三种。一般砌块外形尺寸可达标准砖的6～60倍，接近6倍的一般谓之“小型砌块”，接近60倍的一般谓之“大型砌块”，介于当中的谓之“中型砌块”。

目前主要应用的有混凝土小型空心砌块、轻骨料混凝土小型空心砌块及实心砌块等，国内主要砌块规格示于图 2.2。

(a) 单排孔空心砌块

(b) 双排孔空心砌块

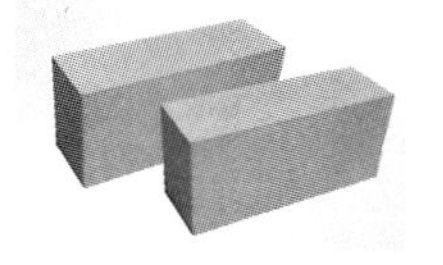
(c) 实心砌块

(d) 多排孔空心砌块

图 2.2　我国主要的砌块规格

混凝土空芯砌块与黏土砖同属脆性材料，其抗压强度较高，承重砌块通常由重骨料混凝土构成，块材芯孔率约在 45%～50%(按主块型计算)，砌块常用强度等级为 MU7.5 和 MU10，较高可达 MU20，低层建筑可用 MU5。国家标准和规范规定：砌块的强度等级是按砌块毛截面积进行确定的，实际块材混凝土强度为砌块标定强度一倍以上，如 MU10 砌块，块材混凝土强度等级为 C20 以上。块材应在台式震动成型机上成型，成型机的激振强度愈大块材强度也愈高，同时密实度也愈高，其抗渗性和抗收缩性也愈好。

根据《混凝土小型空心砌块》(GB 8239—1997)，砌块的主规格尺寸为 390 mm ×190 mm×190 mm，孔洞率不小于 25%，砌块强度等级划分为六个等级，考虑到低强度砌块运输过程中质量无法保证，表 2.2 只列出五种强度等级砌块。根据《轻集料混凝土小型空心砌块》(GB/T 15229—2002)，砌块的主规格尺寸与普通混凝土小型空心砌块的主规格尺寸相同，但孔的排数有变化。砌块强度等级划分见表 2.3。当确定掺有粉煤灰超过 15%以上的混凝土砌块的强度等级时，也应考虑碳化的影响。为了控制搬运过程中的破损以及块材的防水，轻集料混凝土小型空心砌块应成组包装(用塑料薄膜);普通混凝土小型空心砌块包装体(用塑料薄膜)的尺寸(每边)宜为 800～900 mm ,以适应村镇运输施工条件(表 2.2,表 2.3)。

表 2.2 普通混凝土小型空心砌块强度等级 (MPa)

强度等级	砌块抗压强度	
	平均值≥	单块最小值
MU20	20.0	16.0
MU15	15.0	12.0
MU10	10.0	8.0
MU7.5	7.5	6.0
MU5	5.0	4.0

表 2.3 轻集料混凝土小型空心砌块强度等级 (MPa)

强度等级	砌块抗压强度		密度等级 (kg/m^3)
	平均值≥	单块最小值	
MU10	10	8.0	≤1 400
MU7.5	7.5	6.0	≤1 400
MU5	5.0	4.0	≤1 200
MU3.5	3.5	2.8	≤1 200
MU2.5	2.5	2.0	≤800

村镇住宅承重结构用砖和砌块墙体材料应符合下列规定:

(1) 村镇层数为一、二层的房屋,砌体的砂浆可用较低的砂浆强度等级,砖和砌块墙体材料最低强度等级应符合表 2.4 规定,块体折(劈)压比最低限值应符合国家现行有关标准的规定。

表 2.4　砖和砌块材料的最低强度等级

砖和砌块承重墙体材料	砖、砌块强度等级	砌筑砂浆强度等级
烧结普通砖	MU7.5	M1
烧结多孔砖	MU7.5	M1
蒸压砖(蒸压灰砂砖和蒸压粉煤灰砖)	MU15.0	M2.5
普通混凝土小型空心砌块	MU7.5	Mb5

注：1. 烧结普通砖用于基础及潮湿环境的内墙时，强度应提高一个等级。
2. 多孔砖不应用于基础，用于外墙及潮湿环境的内墙时，强度应提高一个等级。
3. 蒸压砖的墙体宜采用专门配制的砂浆砌筑。
4. 防潮层以下宜采用实心砖或预先将孔灌实的多孔砖(空心砌块)。
5. 基础、室内地坪以下及潮湿环境砌体的砂浆强度等级不应低于 M10，且应为水泥砂浆砌筑。
6. 水泥砂浆的最低水泥用量不应小于 200 kg/m^3。
7. 水泥砂浆密度不应小于 1 900 kg/m^3，水泥混合砂浆密度不应小于 1 800 kg/m^3。

(2) 非蒸压硅酸盐砖或砌块及水平孔块体材料不得用于承重墙体。

2.1.3　砂浆

砌体中的砂浆是由胶凝材料(水泥、石灰膏、黏土等)和细骨料(砂)加水拌和而成。砂浆的强度等级划分为：M15、M10、M7.5、M5 和 M2.5。

根据组成材料，普通砂浆还可分为：

(1) 石灰砂浆。由石灰膏、砂和水按一定配比制成，一般用于强度要求不高、不受潮湿的砌体和抹灰层。

(2) 水泥砂浆。由水泥、砂和水按一定配比制成，一般用于潮湿环境或水中的砌体、墙面或地面等。

(3) 混合砂浆。混合砂浆一般由水泥、石灰膏、砂子拌和而成，一般用于地面以上的砌体。混合砂浆由于加入了石灰膏，起到了保水性的作用，改善了砂浆的和易性且具有必要的稠度，操作起来比较方便，有利于砌体密实度和工效的提高。常用的混合砂浆有水泥石灰砂浆、水泥黏土砂浆和石灰黏土砂浆等。

我国砂浆的强度等级由龄期 28 d 的砂浆立方体(70.7 mm×70.7 mm×70.7 mm)的抗压强度指标为依据，这里要特别注意在确定砂浆强度等级时，应采用同类块材为砂浆试块侧模(并垫以吸水纸)，底模用木板，每组试块为 6 块。验算施工阶段新砌筑的砌体强度，因为砂浆尚未硬化，可按砂浆强度为零确定其砌体强度。

砂浆的质量在很大程度上取决于其保水性。保水性不良的砂浆，使用过程中出现泌水、流浆，使砂浆与基底黏结不牢，且由于失水影响砂浆正常的黏结硬化，使砂浆的强度降低。影响砂浆保水性的主要因素是胶凝材料种类和用量、砂的品种、细度和用水量。

保证砂浆具有良好保水性的有效措施，是采用掺有石灰膏的砂浆。当然也可以采用砌筑水泥或能使砂浆具有保水性的其他附加剂，但必须经配比试验确定其含量。ASTM 标准测定保水性的方法：将砂浆置于标准真空度为 51 mm 水银(Hg)柱条件下一分钟，使砂浆失去水分后，测量真空抽水前后流动度，后者与前者之比 80%为合适。

此外，砌筑砂浆施工时的稠度也有一定的要求，砂浆应进行试配，合理地选择砂的骨料组成，方可获得良好品质的砂浆。砂粒过细虽和易性较好，但强度偏低，并有气孔；砂粒过粗，砂浆显得干硬，和易性较差，砌缝抗渗性也差。砂的细度模量一般宜控制在 2.50 左右。

应当特别指出，砌块的高度为 190 mm，比黏土砖大得多(黏土砖高度为 53 mm)，竖缝砌筑难度较大。如果砂浆稠度较差，在竖向端面铺挂砂浆是困难的，即是说，砌块砌筑对砂浆的要求比黏土砖要高。根据国家相关标准规定砌块砌筑砂浆的分层度为 10～30 mm，砂的细度模量宜为 2.4～2.7，施工中应从严掌控，以保证获得较好的稠度。表 2.5 给出了不同砌体种类的砌筑砂浆的施工稠度。砌筑砂浆的稠度具体测试方法参见《建筑砂浆基本性能试验方法标准》(JGJ/T 70—2009)。

表 2.5　砌筑砂浆的施工稠度　(mm)

砌体种类	施工稠度
烧结普通砖砌体、粉煤灰砖砌体	70～90
混凝土砖砌体、普通混凝土小型空心砌块砌体、灰砂砖砌体	50～70
烧结多孔砖砌体、烧结空心砖砌体、轻集料混凝土小型空心砌块砌体、蒸压加气混凝土砌块砌体	60～80

2.2　砌体的受压性能

2.2.1　块体和砂浆的受压性能

砌体是由块材和砂浆两种材料组成的，首先讨论块材、砂浆的受压性能。

同济大学曾对砖的轴心受压性能进行过试验。从原砖中锯出53 mm×56 mm ×160 mm 的棱柱体，将两端磨平后，用环氧水泥把钢垫块粘在两端，在试件的两侧贴有电阻应变片测量变形。通过破坏形态的观测表明，砖是一种脆性材料。在达到极限强度前，应力—应变曲线接近于直线；在达到极限强度后，很快就达到极限变形而下降。通过试验获得砖的弹性模量为：烧结普通砖的平均弹性模量为 1.3×10^4 MPa；粉煤灰砖的平均弹性模量为 1.2×10^4 MPa。

同济大学还对棱柱体砂浆受压试件进行试验，试件尺寸 70.5 mm×70.5 mm ×211.5 mm。与砖相比，显然砂浆的变形能力较好。试验获得的砂浆的割线弹性模量如表 2.6 所示。

表 2.6　砂浆的割线弹性模量

棱柱强度(MPa)	割线弹性模量(MPa)
1.3	0.28×10^4
2.0	0.41×10^4
4.0	0.79×10^4
6.0	1.24×10^4

2.2.2　砌体受压性能

1) *普通砖砌体*

普通砖砌体轴心受压时从开始加载至破坏,按照裂缝的出现和发展的特点,可划分为三个受力阶段。图 2.3 为砖砌体的轴心受压破坏情况。

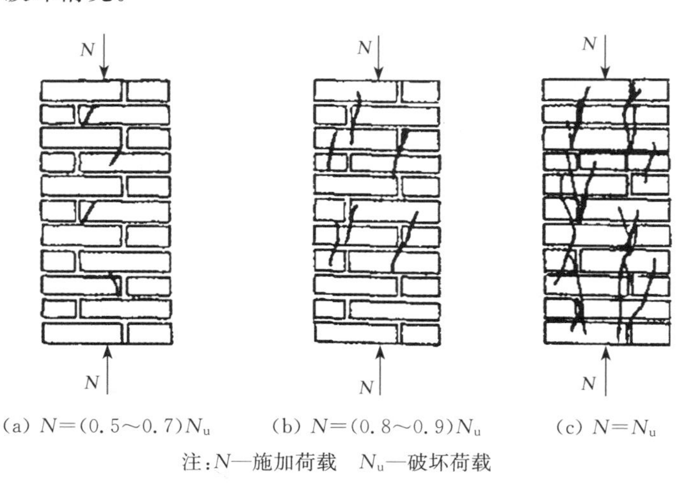

(a) $N=(0.5\sim0.7)N_u$　(b) $N=(0.8\sim0.9)N_u$　(c) $N=N_u$

注:N—施加荷载　N_u—破坏荷载

图 2.3　砖砌体的轴心受压破坏情况

第一阶段:从砌体开始受压,压力不断增大至单块砖内出现第一条裂缝(有时为数砖、数条,称第一批裂缝)见图 2.3(a)。如不增加荷载,砖上裂缝也不发展,在试验中表现为千分表指针的读数维持不变。根据大量的试验结果,砖砌体内第一批裂缝发生于破坏荷载的 50%~70%。

第二阶段:随着压力的增大,单块砖内裂缝不断发展,并逐渐连接成一段段的裂缝,沿竖向通过若干皮砖,见图 2.3(b)。这时,即使不增加荷载,裂缝仍然继续发展,千分表指针的读数在增大。此时的荷载约为破坏荷载的 80%~90%,在实际结构中若发生这种情况,应看做是结构临近破坏。

第三阶段:压力继续增大,裂缝很快加长、加宽,砌体被贯通的竖向裂缝分割成若干个独立的半砖小柱而破坏,见图 2.3(c)。其特点是局部砌体被压碎或小柱体失稳破坏。此时砌体的强度称为砌体的破坏强度。

分析砖砌体受压破坏过程可见,砖砌体在受压破坏时,一个重要的特征是单块砖先开裂,且砌体的抗压强度总是低于它所用砖的抗压强度。这是因为砌体虽然承受轴向均匀分布的压力,但是在砌体的单块砖内却产生复杂的应力状态。

砖块在砌体中出现如此复杂的受力状态(图 2.4),其主要原因是:

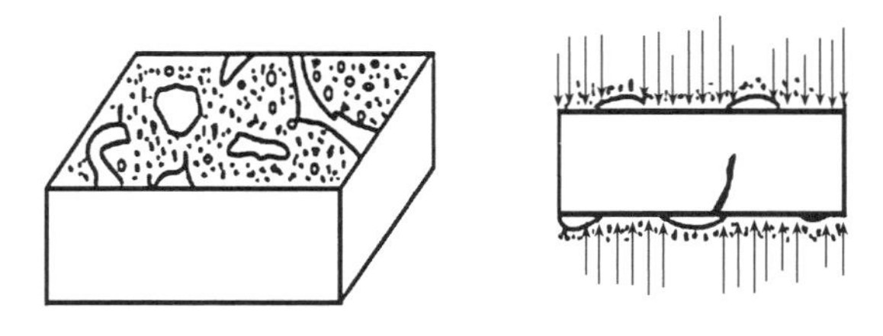

图 2.4 砌体内砖的复杂应力状态

(1) 砖是通过砂浆用人工砌成整体的,由于砂浆厚度及密实性不均匀，造成砖块受到上下不均匀的压力，上述原因都使砖块处于同时受压、受弯、受剪甚至受扭的复合受力状态。

（2）砌体在竖向压力作用下，砖和砂浆各自的横向变形系数不同。前面提到，砖的弹性模量较砂浆要高，因而砖块相应的横向变形比砂浆小得多。这样，较大的砂浆横向变形使砖在水平方向受拉。由于砖内出现了附加拉应力，便加快了砖裂缝的出现。

（3）竖向灰缝上的应力集中。由于竖向灰缝不饱满以及砂浆收缩等原因，砂浆与砖的黏结力减弱，使砌体整体性受到影响。

2）多孔砖砌体

烧结多孔砖砌体轴心受压相对于普通砖砌体有如下不同点：

（1）砌体内产生第一批裂缝时压力较普通砖砌体的高，约为破坏力的 70%；

（2）砌体受力的第二阶段，出现裂缝的数量不多，但裂缝竖向贯通的速度快；

（3）多孔砖砌体轴心受压时，自第二至第三个受力阶段经历时间较短，临近破坏时砖的表面普遍出现较大面积的剥落。

上述现象是由于多孔砖的高度比普通砖的高度要大，但孔壁较薄，致使多孔砖砌体较普通砖砌体具有更为显著的脆性破坏特征。

3）混凝土小型空心砌块砌体

混凝土小型空心砌块砌体轴心受压时，按照裂缝的出现、发展和破坏特点，亦划分为三个受力阶段。但是考虑到空心砌块具有孔洞率大、壁薄，若灌孔则块体和芯柱共同工作等特点，使其破坏特征有别于普通砖砌体，主要表现在以下几个方面：

（1）在受力的第一阶段，砌体内通常只产生一条竖向裂缝，由于砌块高度较普通砖要大，第一条裂缝的宽度虽较细，但往往在一块砌块的高度内贯通。

（2）对于空心砌块砌体，第一条竖向裂缝常在砌体宽面上沿砌块孔洞角部处产生。随着压力的增加，沿砌块孔边缘或砂浆竖缝产生裂缝，并在砌体窄面产生裂缝。最终因窄面上的裂缝急剧加宽而破坏，砌块砌体破坏时裂缝数量较普通砖砌体破坏时的裂缝数量要少得多。

（3）对于灌孔砌块砌体，第一条竖向裂缝常在砌块孔洞中部的肋上产生，随荷载的增加，砌块四周的肋对芯柱混凝土起到一定的约束作用。这种约束作用与砌块和芯柱混凝土的强度有关，当砌块抗压强度与芯柱混凝土的抗压强度不匹配时，且前者远小于后者时，砌块周边先于芯柱开裂；当两者匹配时，砌块与芯柱均产生竖向裂缝，表明它们能较好地共同工作。随着压力的不断增加，芯体混凝土的横向变形增大，砌块孔洞中部肋上的竖向裂缝加宽，砌块的肋向外鼓出，导致砌体完全破坏。

试验表明，空心砌块砌体与灌孔砌体，其开裂荷载与破坏荷载之比值较为接近[1]。

2.2.3 影响砌体抗压强度的因素

影响砌体抗压强度的因素有：块材和砂浆的强度、砂浆的弹塑性性质、砂浆铺砌时的流动性、砌筑质量等。

1）块材和砂浆的强度

块材和砂浆的强度指标是确定砌体强度最主要的因素。由于砌体中的块体内处于压、弯、剪等复合受力状态，砌体破坏时，块体的抗压强度并未被充分利用。研究表明，提高块体的抗压强度和加大块体的抗弯刚度，是提高砌体抗压强度的有效途径。

对于提高砌体抗压强度而言，试验研究表明，提高块体的强度等级比提高砂浆的强度等级更为有效。

加大块体抗弯刚度可以提高砌体的抗压强度，砌体强度随着块体厚度的增加而增加，而随着块体长度的增加而降低。因此，材料验收规范中规定，对一定强度的块材，必须有相应的抗弯（抗折）强度要求。

此外，块体的形状愈规则、表面愈平整，灰缝的厚度将愈均匀，愈有利于砌体抗压强度的提高。

2）砂浆的弹塑性性质

砂浆相对于块材具有一定的弹塑性性质。在砌体中随着砂浆变形率增大，块材受到的弯剪应力和横向拉应力也增大，拉应力也随之增大，则砌体强度将有较大的降低。在一般情况下，随着砂浆强度的减低，变形率同时增大。

3）砂浆铺砌时的流动性

砂浆的流动性大，容易铺成厚度和密实性较均匀的灰缝，因而可减小上述弯剪应力，即可以在某种程度上提高砌体的强度。采用混合砂浆代替水泥砂浆就是为了提高砂浆的流动性。纯水泥砂浆的流动性较差，所以纯水泥砂浆砌体强度应降低些（约 15%）。前苏联的试验得出纯水泥砂浆砌体强度降低为 13%，而施楚贤等人得出平均仅降低 5%。然而，也不能过高地估计砂浆流动性对砌体强度的有利影响，因为砂浆的流动性大，一般在硬化后的变形率也大。此外，砂浆流动性过大对砌筑竖缝的砌筑也存在不利影响。

4）砌筑质量

砌体是由人工砌筑的，因此施工中的砌筑质量对砌体强度影响很大。

在砌筑过程中，灰缝的饱满、均匀和密实度等因素对块材在砌体中的受力状态影响较大。同济大学进行过试验，砂浆强度 4.7 MPa的砌体应比砂浆强度 0.9 MPa 的砌体高 37%，由于砌筑技术水平的差异反而低 48%。一般要求水平灰缝砂浆的饱满度不得低于80%。

此外,砖的含水率也会影响砌体抗压强度。湖南大学的试验指出,用含水率为10%的砖砌筑的砌体抗压强度与干燥的砖砌筑的砌体抗压强度之比为1.25,由此可见施工中将砖浸水是很重要的。特别需要提醒的是,对于混凝土砌块、粉煤灰等砌块不能浸水。

2.2.4 砌体抗压强度的平均值与设计值

由于影响砌体抗压强度的因素很多,建立一个相对精确的砌体抗压强度公式是比较困难的。几十年来,我国通过大量的试验数据,通过统计与回归分析,规范采用了一个比较完整、统一的表达砌体抗压强度平均值的计算公式[6]:

$$f_m = k_1 f_1^{\alpha}(1+0.07f_2)k_2 \tag{2-1}$$

式中 f_1、f_2——块体、砂浆抗压强度平均值,MPa;

k_1、α、k_2——系数,见表2.7。

表2.7 各类砌体轴心抗压强度平均值计算公式中的参数值

块体类别	k_1	α	k_2
烧结普通砖、烧结多孔砖、蒸压灰砂砖、蒸压粉煤灰砖	0.78	0.5	当$f_2<1$时,$k_2=0.6+0.4f_2$
混凝土砌块	0.46	0.9	当$f_2=0$时,$k_2=0.8$
毛料石	0.79	0.5	当$f_2<1$时,$k_2=0.6+0.4f_2$
毛　石	0.22	0.5	当$f_2<2.5$时,$k_2=0.4+0.24f_2$

注:1. k_2在表列条件以外时均等于1。

2. 混凝土砌块砌体的轴心抗压强度平均值,当$f_2>10$ MPa时,应乘以系数$1.1\sim0.1f_2$,MU20的砌体应乘系数0.95,且满足$f_1\geqslant f_2$,$f_1\leqslant20$ MPa。

根据《建筑结构设计统一标准》(GB 50068)的规定,砌体强度的标准值与平均值的关系为如下计算公式：

$$f_k = f_m(1 - 1.645\delta_f) \tag{2-2}$$

式中　f_k ——砌体强度的标准值；

δ_f ——砌体强度的变异系数，其值通过试验结果统计确定。

砌体强度的设计值则为：

$$f = \frac{f_k}{\gamma_f} \tag{2-3}$$

式中　γ_f ——砌体结构的材料性能分项系数。

当施工质量控制等级达到文献[8]规定的 B 级水平时，取 $\gamma_f = 1.6$；当施工控制等级为 C 时，$\gamma_f = 1.8$。

根据文献[6]规定龄期为 28 d 的以毛截面计算的各类砌体抗压强度设计值，当施工质量控制等级为 B 级时，应根据块体和砂浆的强度等级分别按下列规定采用：

(1) 烧结普通砖和烧结多孔砖砌体的抗压强度设计值，应按表 2.8 采用。

表 2.8　烧结普通砖和烧结多孔砖砌体的抗压强度设计值　(MPa)

砖强度等级	砂浆强度等级					砂浆强度
	M15	M10	M7.5	M5	M2.5	0
MU30	3.94	3.27	2.93	2.59	2.26	1.15
MU25	3.60	2.98	2.68	2.37	2.06	1.05
MU20	3.22	2.67	2.39	2.12	1.84	0.94
MU15	2.79	2.31	2.07	1.83	1.60	0.82
MU10	—	1.89	1.69	1.50	1.30	0.67

注：当烧结多孔砖的孔洞率大于 30%时，应按表中数值乘以 0.9。

(2) 蒸压灰砂砖和蒸压粉煤灰砖砌体的抗压强度设计值,应按表 2.9 采用。

表 2.9 蒸压灰砂砖和蒸压粉煤灰砖砌体的抗压强度设计值 (MPa)

砖强度等级	砂浆强度等级				砂浆强度
	M15	M10	M7.5	M5	0
MU25	3.60	2.98	2.68	2.37	1.05
MU20	3.22	2.67	2.39	2.12	0.94
MU15	2.79	2.31	2.07	1.83	0.82

注:当采用专用砂浆砌筑时,应按表中数值采用。

(3) 单排孔混凝土砌块和轻骨料混凝土砌块砌体的抗压强度设计值,应按表 2.10 采用。

表 2.10 单排孔混凝土和轻骨料混凝土砌块砌体的抗压强度设计值 (MPa)

砖强度等级	砂浆强度等级				砂浆强度
	Mb15	Mb10	Mb7.5	Mb5	0
MU20	5.68	4.95	4.44	3.94	2.33
MU15	4.61	4.02	3.61	3.20	1.89
MU10	—	2.79	2.50	2.22	1.31
MU7.5	—	—	1.93	1.71	1.01
MU5	—	—	—	1.19	0.70

注:1. 对错孔砌筑的砌体,应按表中数值乘以 0.8。
2. 对独立柱或厚度为双排组砌的砌块砌体,应按表中数值乘以 0.7。
3. 对 T 形截面砌体,应按表中数值乘以 0.85。
4. 表中轻骨料混凝土砌块为煤矸石和水泥煤渣混凝土砌块。

(4) 孔洞率不大于 35%的双排孔或多排孔轻骨料混凝土砌块砌体的抗压强度设计值,应按表 2.11 采用。

表 2.11　双排孔或多排孔轻骨料混凝土砌块砌体的抗压强度设计值（MPa）

砌块强度等级	砂浆强度等级			砂浆强度
	Mb10	Mb7.5	Mb5	0
MU10	3.08	2.76	2.45	1.44
MU7.5	—	2.13	1.88	1.12
MU5	—	—	1.31	0.78
MU3.5	—	—	0.95	0.56

注：1. 表中的砌块为火山渣、浮石和陶粒轻骨料混凝土砌块。
2. 对厚度方向为双排组砌的轻骨料混凝土砌块砌体的抗压强度设计值，应按表中数值乘以 0.8。

（5）混凝土普通砖和混凝土多孔砖砌体的抗压强度设计值，应按表 2.12 采用。

表 2.12　混凝土普通砖和混凝土多孔砖砌体的抗压强度设计值（MPa）

砖强度等级	砂浆强度等级					砂浆强度
	Mb20	Mb15	Mb10	Mb7.5	Mb5	0
MU30	4.61	3.94	3.27	2.93	2.59	1.15
MU25	4.21	3.60	2.98	2.68	2.37	1.05
MU20	3.77	3.22	2.67	2.39	2.12	0.94
MU15	—	2.79	2.31	2.07	1.83	0.82

当房屋纵、横墙开洞的水平截面面积率分别不大于 50%和25%时，对于层数不超过两层、地震烈度 6、7 度时层高不超过3.6 m、8 度时层高不超过 3.3 m、横墙间距不大于 5.4 m、房屋宽度不大于9 m的砌体结构房屋，在不同地震抗震设防烈度下的各种砌体所使用的砌筑砂浆的强度等级建议不低于表 2.13～表2.16中的强度等级。

表 2.13　不同烈度下的实心砖砌体(墙厚不小于 240mm)房屋砂浆的强度等级建议值

层数	6 度	7 度(0.1g)	7 度(0.15g)	8 度(0.2g)	8 度(0.3g)
一层	M1	M1	M2.5	M2.5	M5
两层	M1	M2.5	M5	M7.5	—

表 2.14　不同烈度下的多孔砖砌体(墙厚等于 240 mm)房屋砂浆的强度等级建议值

层数	6 度	7 度(0.1g)	7 度(0.15g)	8 度(0.2g)	8 度(0.3g)
一层	M1	M1	M1	M2.5	M5
两层	M1	M2.5	M5	M7.5	—

表 2.15　不同烈度下的蒸压砖砌体(墙厚不小于 240 mm)房屋砂浆的强度等级建议值

层数	6 度	7 度(0.1g)	7 度(0.15g)	8 度(0.2g)	8 度(0.3g)
一层	M2.5	M2.5	M2.5	—	—
两层	M2.5	M2.5	M7.5	—	—

表 2.16　不同烈度下的普通砌块砌体(墙厚等于 190 mm)房屋砂浆的强度等级建议值

层数	6 度	7 度(0.1g)	7 度(0.15g)	8 度(0.2g)	8 度(0.3g)
一层	M5	M5	M5	M5	
两层	M5	M5	M7.5	—	—

注：以上各表中的砂浆强度等级说明如下，如表 2.14 中一层、8 度(0.2g)对应砂浆 M2.5 意思是：在 8 度(0.2g)烈度下，房屋总层数为一层时，墙体只需用 M2.5 等级砂浆砌筑即可满足地震作用下的抗震承载力要求。再如表 2.16 中两层、7 度(0.15g)对应砂浆 M10 意思是：在 7 度(0.15g)烈度下，房屋总层数为两层时，一、二层的所有墙体只需用 M10 等级砂浆砌筑即可满足地震作用下的抗震承载力要求。

2.3　砌体的受拉、受剪性能

与砌体受压相比，砌体的抗拉强度很低。抗压强度主要取决于块体的强度，而受拉、受弯和受剪破坏一般均发生于砂浆与块体的连接面上，因此砌体抗拉、抗弯和抗剪强度主要取决于灰缝强度，即取决于灰缝中砂浆和块体的黏结强度。

值得注意的是，砂浆和块体在水平灰缝内和在竖向灰缝内的黏结强度是不同的。在竖向灰缝内，由于未能很好地填满砂浆，并且由于砂浆硬化时的收缩而削弱，以至完全破坏两者的黏结。因此在计算中对竖向灰缝的黏结强度不予考虑[4]。

2.3.1　砌体的轴心受拉

按照外力作用于砌体方向的不同，砌体可能发生如图 2.5 所示的三种破坏。当轴向拉力与水平灰缝平行时，砌体可能发生沿竖向及水平向灰缝的齿缝截面破坏见图 2.5(a)；或者沿块体和竖向灰缝截面破坏，见图 2.5(b)。一般当块体强度等级较高而砂浆的强度等级较低时，砌体发生前一种破坏形态；当块体的强度等级较低而砂浆的强度等级较高时，砌体则发生后一种破坏形态。当轴向拉力与砌体的竖向灰缝平行时，砌体可能沿通缝截面破坏，见图 2.5(c)。由于灰缝的法向黏结强度是不可靠的，在设计中不允许采用沿通缝截面的轴心受拉构件。

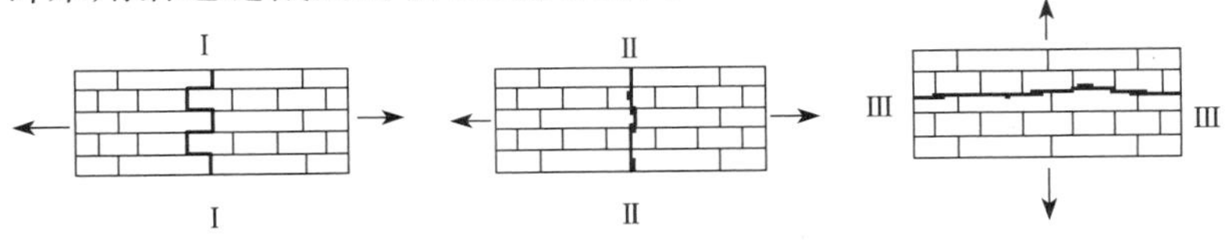

(a) 沿齿缝截面破坏　(b) 沿块体和竖向缝截面破坏　(c) 沿通缝截面破坏

图 2.5　砌体的轴心受拉破坏特征

2.3.2 砌体的弯曲受拉

如图 2.6 所示，砌体弯曲受拉时，也可能发生三种破坏形态：沿齿缝截面破坏，见图 2.6(a)、沿砖与竖向灰缝截面破坏，见图 2.6(b)，以及沿通缝截面破坏，见图 2.6(c)。与轴心受拉相似，砌体的弯曲受拉破坏形态也与块体和砂浆的强度等级有关。

(a) 沿齿缝破坏

(b) 沿块体和竖向灰缝破坏

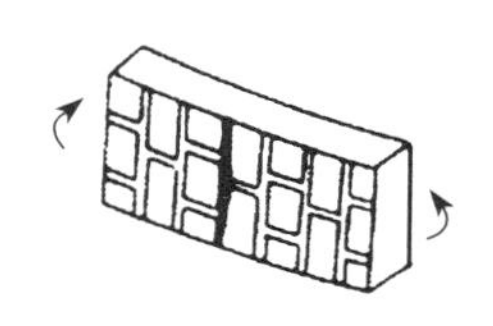

(c) 沿通缝破坏

图 2.6　砌体的弯曲受拉破坏特征

考虑到沿齿缝截面破坏和沿通缝截面破坏的两种情况(图 2.7)，《砌体规范》规定的砌体弯曲抗拉强度的主要强度指标有：砌体弯曲抗拉强度平均值、砌体弯曲抗拉强度设计值。

沿齿缝

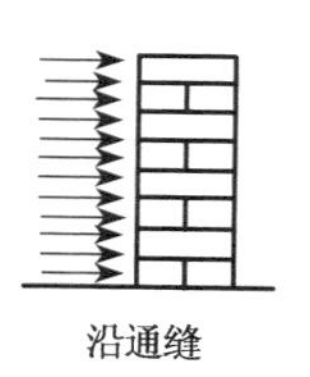

沿通缝

图 2.7　沿齿缝破坏和沿通缝破坏

2.3.3 砌体的受剪性能

与受压相比，砌体的受剪是另一较为重要的性能。如图 2.8 所示，砌体受剪可能发生三种破坏形态：沿通缝破坏，见图2.8(a)，沿齿缝破坏，见图 2.8(b)，以及沿阶梯形缝破坏，见图 2.8(c)。如上所述，由于竖向灰缝不饱满，抗剪能力很低，竖向灰缝强度可不予考虑。因此,可认为这三种破坏的砌体抗剪强度相同。

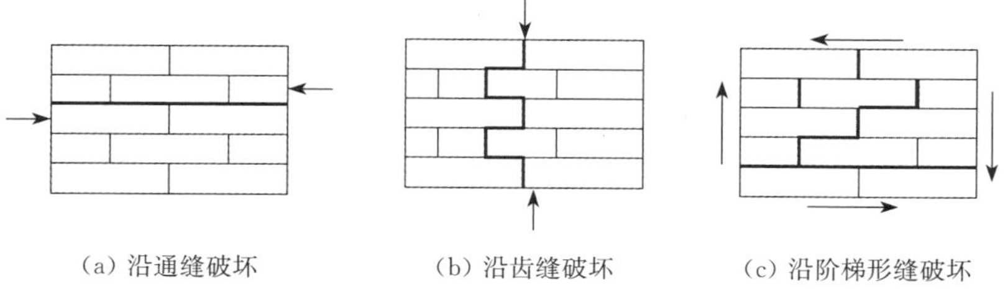

图 2.8　砌体的受剪破坏特征

砌体沿通缝截面的受剪试验有多种方案,砌体可以有一个受剪面,见单剪图 2.9(a),或两个受剪面,见双剪图 2.9(b)。然而,早期规范推荐的单剪试验方案测出的试验数据离散性较大,现在基本已不使用,普遍采用文献[9]推荐的双剪试验。但是,实际上不论何种方案,都不能做到真正的“纯剪”。

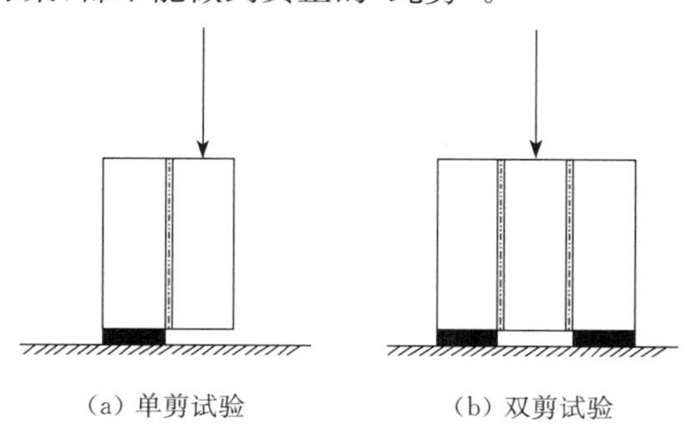

图 2.9　砌体抗剪强度试验方案对比

影响砌体抗剪强度的因素主要有:块材和砂浆的强度、竖向压应力、砌筑质量等。

1) 块材和砂浆的强度

对于破坏截面仅发生在水平和竖向灰缝处的抗剪砌体,砂浆强度高,抗剪强度就会随之增大,此时块体强度影响很小。对于破坏截面发生在灰缝和块材处的抗剪砌体，块体强度高，抗剪强度亦随之提高，此时砂浆强度影响很小。

2）竖向压应力

当竖向压应力小于砌体抗压强度平均值的60%的情况下，砌体的抗剪强度随着压应力的增加增长逐步减慢。当竖向压应力大于砌体抗压强度平均值的60%后，砌体的抗剪强度随着压应力的增加迅速下降，以致当竖向压应力等于砌体抗压强度平均值时，抗剪强度为零（图2.10）。整个过程包括了剪摩、剪压和斜压等三个破坏阶段与破坏形式（图2.11）。

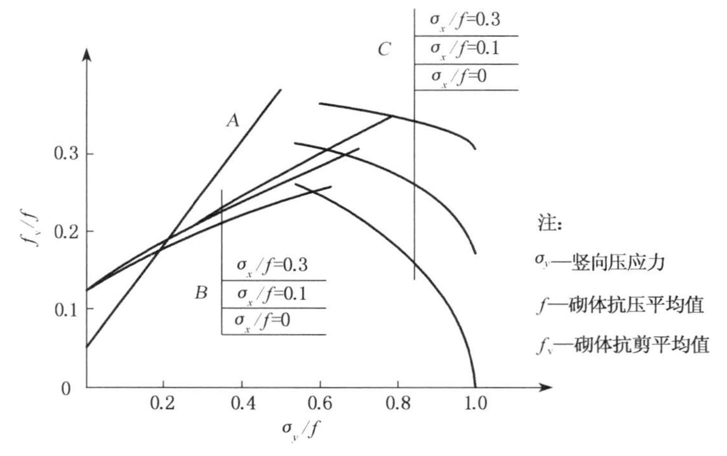

图2.10　竖向应力对砌体抗剪强度的影响

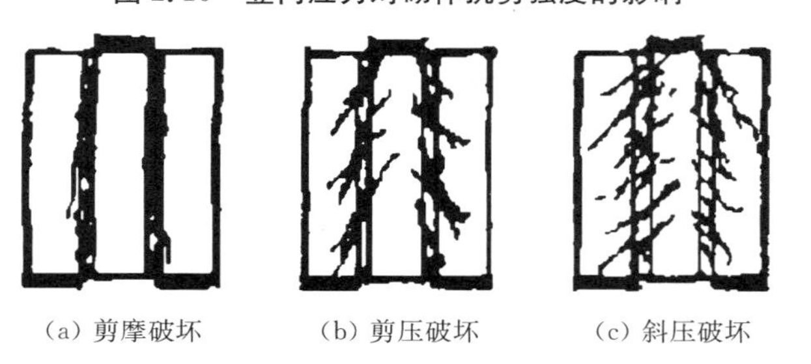

（a）剪摩破坏　（b）剪压破坏　（c）斜压破坏

图2.11　砌体的剪压复合破坏特征

3）砌筑质量

砌体的灰缝饱满度及砌筑时块体的含水率对砌体的抗剪强度影响很大。例如，南京新型建材厂的试验表明，对于多孔砖砌体，当水平向和竖向的灰缝饱满度均为 80%时，与灰缝饱满度为 100%的砌体相比，抗剪强度降低 26%。

此外，砌体抗剪强度还与试件形式、尺寸及加载方式等有关。

2.3.4　砌体抗拉、抗剪强度的平均值与设计值

砌体抗拉、抗弯和抗剪强度的统一公式如下：

$$\left.\begin{aligned}&\text{砌体轴心抗拉强度平均值}\quad f_{t,m}=k_3\sqrt{f_2}\\&\text{砌体弯曲抗拉强度平均值}\quad f_{tm,m}=k_4\sqrt{f_2}\\&\text{砌体抗剪强度平均值}\quad f_{v,m}=k_5\sqrt{f_2}\end{aligned}\right\}\tag{2-4}$$

式中 k_3、k_4、k_5 如表 2.17 所示。

表 2.17　砌体抗拉、抗弯和抗剪平均值的影响系数

砌体种类	$f_{t,m}=k_3\sqrt{f_2}$	$f_{tm,m}=k_4\sqrt{f_2}$		$f_{v,m}=k_5\sqrt{f_2}$
	k_3	k_4		k_5
		沿齿缝	沿通缝	
烧结普通砖、烧结多孔砖	0.141	0.250	0.125	0.125
蒸压灰砂砖、蒸压粉煤灰砖	0.09	0.18	0.09	0.09
混凝土砌块	0.069	0.081	0.056	0.069

表 2.13 中的系数 k_3、k_4、k_5 是根据国内对各类砌体总共 1 378个试件的试验结果统计确定的，试验值和计算值之比平均为 1.02，变异系数为 0.184。

根据文献[6]的规定：龄期为 28 d 的以毛截面计算的各类砌体的轴心抗拉强度设计值、弯曲抗拉强度设计值和抗剪强度设计值，当施工质量控制等级为 B 级时，应按表 2.18 采用。

表 2.18　沿砌体灰缝截面破坏时砌体的轴心抗拉强度设计值、弯曲抗拉强度设计值和抗剪强度设计值（MPa）

强度等级	破坏特征及砌体种类		砂浆强度等级			
			≥M10	M7.5	M5	M2.5
轴心抗拉	沿齿缝	烧结普通砖、烧结多孔砖	0.19	0.16	0.13	0.09
		混凝土普通砖、混凝土多孔砖	0.19	0.16	0.13	—
		蒸压灰砂砖、蒸压粉煤灰砖	0.12	0.10	0.08	—
		混凝土和轻集料混凝土砌块	0.09	0.08	0.07	—
弯曲抗拉	沿齿缝	烧结普通砖、烧结多孔砖	0.33	0.29	0.23	0.17
		混凝土普通砖、混凝土多孔砖	0.33	0.29	0.23	—
		蒸压灰砂砖、蒸压粉煤灰砖	0.24	0.20	0.16	—
		混凝土和轻集料混凝土砌块	0.11	0.09	0.08	—
	沿通缝	烧结普通砖、烧结多孔砖	0.17	0.14	0.11	0.08
		混凝土普通砖、混凝土多孔砖	0.17	0.14	0.11	—
		蒸压灰砂砖、蒸压粉煤灰砖	0.12	0.10	0.08	—
		混凝土和轻集料混凝土砌块	0.08	0.06	0.05	—
抗剪	烧结普通砖、烧结多孔砖		0.17	0.14	0.11	0.08
	混凝土普通砖、混凝土多孔砖		0.17	0.14	0.11	—
	蒸压灰砂砖、蒸压粉煤灰砖		0.12	0.10	0.08	—
	混凝土和轻集料混凝土砌块		0.09	0.08	0.06	—

注：1. 对于用形状规则的块体砌筑的砌体，当搭接长度与块体高度的比值小于 1 时，其轴心抗拉强度设计值 f_t 和弯曲抗拉强度设计值 f_{tm} 应按表中数值乘以搭接长度与块体高度比值后采用。

2. 表中数值是依据普通砂浆确定的，采用经研究性试验且通过技术鉴定的专用砂浆砌筑的蒸压灰砂砖、蒸压粉煤灰砖砌体，其抗剪强度设计值应按普通砂浆强度等级砌筑的烧结普通砖砌体采用。

3. 对混凝土普通砖、混凝土多孔砖、混凝土和轻集料混凝土砌块砌体，表中的砂浆强度等级分别为：≥Mb10、Mb7.5 及 Mb5。

2.4　砌体强度设计值的调整

因为砌体强度设计值调整系数关系到结构的安全，虽然上述给出砌体在不同受力状态下的砌体强度计算公式和取值，但村镇建筑中砌体的使用情况多种多样，难以把握，在某些情况下的砌体强度可能降低，在有的情况下需要适当进行提高或者降低。因而在设计计算时还需考虑砌体强度的调整，即将砌体强度设计值乘以调整系数 γ_a。根据文献[6]的规定，对下列情况的各类砌体，γ_a 应按下列情况进行取值：

（1）对无筋砌体构件，其截面面积小于 0.3 m^2 时，γ_a 为其截面面积加 0.7；对配筋砌体构件，当其中砌体截面面积小于 0.2 m^2 时，γ_a 为其截面面积加 0.8；构件截面面积以 m^2 计。

（2）当砌体用强度等级小于 M5.0 的水泥砂浆砌筑时，对上述表中各种砌体抗压强度设计值的数值，γ_a 为 0.9；对表 2.18 中数值，γ_a 为 0.8。

（3）当验算施工中房屋的构件时，γ_a 为 1.1。

近年来，四川省建筑科学研究院对大孔洞率条型孔多孔砖砌体力学性能试验表明，中、高强度水泥砂浆对砌体抗压强度和砌体抗剪强度无不利影响，当砂浆强度不小于 5 MPa 时，可不作调整。

此外，施工阶段砂浆尚未硬化的新砌砌体的强度和稳定性，可按砂浆强度为零进行验算。对于冬期施工采用掺盐砂浆法施工的砌体，砂浆强度等级按常温施工的强度等级提高一级时，砌体强度和稳定性可不验算。

2.5 砌体的弹性模量、线胀系数和收缩率、摩擦系数

2.5.1 砌体的弹性模量

1) 砌体的弹性模量

根据砌体受压应力-应变曲线，可以定义砌体的切线弹性模量(即受压应力-应变曲线上任意一点的切线的斜率，如图 2.12 中的 $E'=\tan\alpha'$)、割线模量(即受压应力-应变曲线上任意一点与原点连线的斜率，如图 2.12 中的 $E=\tan\alpha$)。

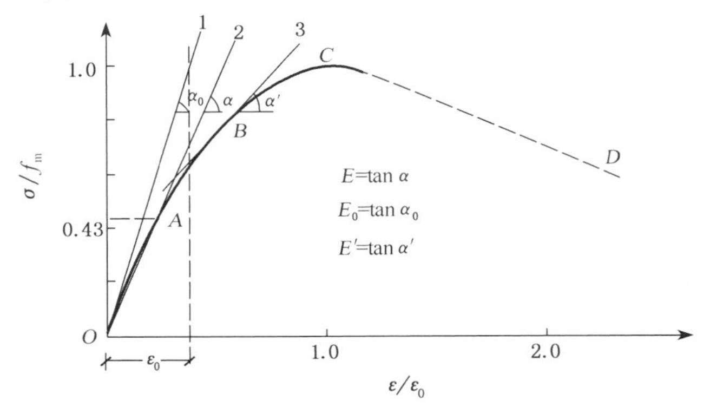

图 2.12 砌体受压时的应力应变曲线

原点处的切线模量称为初始弹性模量 E_0，该数值是难以由试验方法测准的。《砌体规范》规定的砌体弹性模量 E 为应力-应变曲线上应力为 $0.43f_m$ 处的割线模量。E 与 E_0 间近似有：

$$E=0.8E_0 \tag{2-5}$$

文献[6]对不同强度等级砂浆砌筑的砌体的弹性模量，取用与砌体抗压强度设计值成正比的关系，其数值可直接查用表 2.19。

表 2.19　砌体的弹性模量　(MPa)

砌体种类	砂浆强度等级			
	≥M10	M7.5	M5	M2.5
烧结普通砖、烧结多孔砖	$1\,600f$	$1\,600f$	$1\,600f$	$1\,390f$
混凝土普通砖、混凝土多孔砖	$1\,600f$	$1\,600f$	$1\,600f$	—
蒸压灰砂砖、蒸压粉煤灰砖	$1\,060f$	$1\,060f$	$1\,060f$	—
非灌孔混凝土砌块砌体	$1\,700f$	$1\,600f$	$1\,500f$	—

注：1. 轻集料混凝土砌块砌体的弹性模量，可按表中砌块砌体的弹性模量采用。
2. 表中砌体抗压强度设计值不需按 2.4 节的要求进行调整。
3. 表中砂浆为普通砂浆。采用专用砂浆砌筑的砌体的弹性模量也可以按此表取值。
4. 对混凝土普通砖、混凝土多孔砖、混凝土和轻集料混凝土砌块砌体，表中的砂浆强度等级分别为：≥Mb10、Mb7.5 及 Mb5。

单排孔且对孔砌筑的混凝土砌块灌孔砌体的弹性模量，应按下列公式计算：

$$E=1\,700\,f_{g} \tag{2-6}$$

式中，f_g 为灌孔砌体的抗压强度设计值。

2）砌体的剪变模量

国内外对砌体剪变模量的试验和研究极少。根据材料力学公式为：

$$G=\frac{E}{2(1+\nu)} \tag{2-7}$$

式中，ν 为泊松比，即砌体在轴心受压情况下，横向变形与纵向变形的比值。

砌体的泊松比分散性很大，根据国内大量试验结果，砖砌体的泊松比约为 0.15，砌块砌体的泊松比为 0.3。代入式(2-7)，砖砌体和砌块砌体的剪变模量分别约为 $0.43E$ 和 $0.38E$。GB 50003 规范建议，对各类砌体，剪变模量可取弹性模量的 0.4 倍。

2.5.2 砌体的线性膨胀系数和收缩率、摩擦系数

1）砌体的线性膨胀系数和收缩率

考虑到砌体在温度作用下的变形性能，需要知道砌体的线性膨胀系数。GB 50003 规范根据不同的砌体种类给出其线性膨胀系数和收缩率，见表 2.20。

表 2.20 砌体的线膨胀系数和收缩率

砌体种类	线膨胀系数（10^{-6}/℃）	收缩率（mm/m）
烧结普通砖、烧结多孔砖砌体	5	−0.1
蒸压灰砂普通砖、蒸压粉煤灰普通砖砌体	8	−0.2
混凝土普通砖、混凝土多孔砖、混凝土砌块砌体	10	−0.2
轻集料混凝土砌块砌体	10	−0.3

注：表中的收缩率系由达到收缩允许标准的块体砌筑 28 d 的砌体收缩率，当地方有可靠的砌体收缩试验数据时，亦可采用当地的试验数据。

混凝土砌块（包括各类混凝土砖和灰砂砖、粉煤灰砖）的收缩（包括凝缩、干缩和温度收缩）和徐变变形总和需要多年才能完成，砌筑后第一至三个月大约完成总变形的 25%，一年左右完成总变形的 50%。因此施工过程中（尤其是施工早期）应特别注意砌块吸水的多少，以及由此引起的收缩变形。砌块块材的凝缩经过 28 天的养护期已大部分完成，问题在于：干燥收缩对砌块仍在反复进行。特别在块材产出后不久，如果有多次吸水，砌块会随水分挥发，反复产生干缩变形。限制施工用水进入砌块墙体内，在砌块砌体规范中是特别强调的，否则就难以控制砌块墙体收缩变形和裂缝。

此外，砌体的收缩与块体的上墙含水率、砌体的施工方法等有

密切关系。

2）砌体的摩擦系数

砌体与砌体接触面之间或砌体与混凝土等其他材料接触面之间,滑动时的摩擦力与法向压力的比值即为砌体的摩擦系数。根据接触面的干燥或潮湿状态而取不同的值。GB 50003 规范给定的砌体的摩擦系数见表 2.21。

表 2.21　砌体的摩擦系数

材料类别	摩擦面情况	
	干燥	潮湿
砌体沿砌体或混凝土滑动	0.70	0.60
砌体沿木材滑动	0.60	0.50
砌体沿钢滑动	0.45	0.35
砌体沿砂或卵石滑动	0.60	0.50
砌体沿粉土滑动	0.55	0.40
砌体沿黏性土滑动	0.50	0.30

本章参考文献

[1] 施楚贤. 砌体结构理论与设计. 第 2 版. 北京:中国建筑工业出版社,2003
[2] 朱伯龙. 砌体结构设计理论. 上海:同济大学出版社,1991
[3] 苏小卒. 砌体结构设计. 上海:同济大学出版社,2002
[4] 丁大钧. 砌体结构. 北京:中国建筑工业出版社,2004
[5] 砌筑砂浆配合比设计规程(JGJ/T 98—2010). 北京:中国建筑工业出版社,2011
[6] 砌筑结构设计规范(GB 50003—2011). 北京:中国建筑工业出版社,2012

[7] 董明海,宋丽.砌体结构设计理论.西安:西安交通大学出版社,2010
[8] 砌筑工程施工质量验收规范(GB 50203—2002).北京:中国建筑工业出版社,2002
[9] 砌筑基本力学性能试验方法标准(GB/T 50129—2011).北京:中国建筑工业出版社,2011
[10] 镇(乡)村建筑抗震技术规程(JGJ 161—2008).北京:中国建筑工业出版社,2008
[11] 葛学礼,朱立新,黄世敏.镇(乡)村建筑抗震技术规程实施指南.北京:中国建筑工业出版社,2010
[12] 黄际洸.混凝土砌块性能构造与设计.北京:机械工业出版社,2008

第 3 章 村镇砌体结构抗震设计

3.1　村镇砌体结构

村镇建筑通常是由当地建筑工匠，根据房主的经济状况和要求，按照当地的建筑习惯建造。村镇建筑因层数较低(1、2 层)，结构简单，一般不经过设计单位设计。村镇砌体结构房屋是由砖或砌块和砂浆砌筑而成的墙、柱作为主要承重构件。砖包括烧结普通砖、烧结多孔砖、蒸压灰砂砖和蒸压粉煤灰砖等，砌块是指混凝土小型空心砌块和自保温(承重)砌块。房屋墙体主要包括实心砖墙、多孔砖墙、蒸压砖墙、小砌块墙和空斗砖墙等。

经调查，砖砌体房屋和小型砌块砌体房屋在我国村镇建筑中占据相当大的比重，砌体房屋也是目前我国村镇采用最多最普遍的结构形式。

3.2　震害

地震对建筑物的破坏作用主要是由于地震波在土中传播引起强烈的地面运动而造成的。由地震引起的建筑物破坏情况主要有：受震破坏、地基失效引起的破坏和次生作用引起的破坏。

村镇砌体结构房屋由于地震作用引起的破坏主要可以归结为两大类：一类是由于结构或构件承载力不足而引起的破坏。对于多层砌体结构的房屋，当水平地震作用在墙内产生的剪力超过砌体所能承担的抗剪承载力时，墙体就会产生斜裂缝或者交叉裂缝（图 3.1）；当水平地震作用沿着房屋的纵向时，它主要通过楼盖传给纵墙，再传至基础和地基，如果窗间墙较宽，纵墙将仍以剪切破坏为主，如果窗间墙很窄，就会产生压弯破坏。另一类破坏是因为房屋结构布置不当或在结构上存在缺陷，比如内外墙之间以及楼板与墙体之间缺乏可靠的连接，在地震时连接破坏，使房屋丧失整体性，墙体发生出平面的倾倒（图 3.2），楼板随之由墙上滑落等等。因此，在村镇砌体结构房屋的抗震设计中，应用计算理论对结构进行强度验算是一个重要的方面。另一方面，还应对房屋的体型、平面布置、材料、结构形式等进行合理选择，对构件间的联结采取加强措施，并从结构强度着眼，使构件布局合理，联结有效，从而提高砌体结构房屋的整体抗震能力。

图 3.1　窗间墙 X 型裂缝

图 3.2　外墙整体出平面倾覆

3.3　村镇砌体结构房屋设计一般规定

3.3.1　适用范围

《镇（乡）建筑抗震技术规程》（JGJ 161—2008）（以下简称《规

程》)第1.0.4条规定抗震设防烈度在 6 度及以上地区的村镇建筑，必须采取抗震措施。抗震设防烈度在 6 度及以上地区的村镇砌体房屋，其抗震设防目标是：当遭受低于本地区抗震设防烈度的多遇地震影响时，一般不需修理可继续使用；当遭遇相当于本地区抗震设防烈度的地震影响时，主体结构不致严重破坏，维护结构不发生大面积倒塌。

3.3.2　层数和高度的限值

根据现行《规程》第 5.1.2 条规定，一般情况下，房屋的层数和总高度应符合下列要求：

(1) 房屋的层数和总高度不应超过表 3.1 的规定；

(2) 房屋的层高：单层房屋不应超过 4.0 m，两层房屋其各层层高不应超过 3.6 m。

表 3.1　房屋的层数和总高度限值　　(m)

墙体类别	最小墙厚(mm)	烈度							
		6		7		8		9	
		高度	层数	高度	层数	高度	层数	高度	层数
实心砖墙、多孔砖墙	240	7.2	2	7.2	2	6.6	2	3.3	1
小砌块墙	190	7.2	2	7.2	2	6.6	2	3.3	1
多孔砖墙 蒸压砖墙	190 240	7.2	2	6.6	2	6.0	2	3.0	1
空斗墙	240	7.2	2	6.0	2	3.3	1	—	—

注：房屋的总高度指室外地面到主要屋面板板顶或檐口的高度。

3.3.3　抗震横墙间距

根据现行《规程》第 5.1.3 条规定，一般情况下，房屋的横墙间距不应超过表 3.2 要求。

表 3.2　房屋抗震横墙的间距　　(m)

墙体类别	最小墙厚(mm)	房屋层数	楼层	烈度					
				木楼(屋)盖			预应力圆孔板楼(屋)盖		
				6、7	8	9	6、7	8	9
实心砖墙	240	一层	1	11.0	9.0	5.0	15.0	12.0	6.0
多孔砖墙	240	二层	2	11.0	9.0	—	15.0	12.0	—
小砌块墙	190		1	9.0	7.0	—	11.0	9.0	—
多孔砖墙	190	一层	1	9.0	7.0	5.0	11.0	9.0	6.0
蒸压砖墙	240	二层	2	9.0	7.0	—	11.0	9.0	—
			1	7.0	5.0	—	9.0	7.0	—
空斗墙	240	一层	1	7.0	5.0	—	9.0	7.0	—
		二层	2	7.0	—	—	9.0	—	—
			1	5.0	—	—	7.0	—	—

注：二层房屋的上层横墙应与下层连续对齐。

3.3.4　局部尺寸限值

根据现行《规程》第 5.1.4 条规定，一般情况下，房屋局部尺寸限值，应符合表 3.3 的要求。

表 3.3　房屋的局部尺寸限值　　(m)

部　位	6、7 度	8 度	9 度
承重窗间墙最小宽度	0.8	1.0	1.3
承重外墙尽端至门窗洞边的最小距离	0.8	1.0	1.3
非承重外墙尽端至门窗洞边的最小距离	0.8	0.8	1.0
内墙阳角至门窗洞边的最小距离	0.8	1.2	1.8

3.3.5　其他要求

1）结构体系要求

村镇砌体结构房屋结构体系应满足以下要求：

（1）应优先采用横墙承重或纵横墙共同承重的结构体系；

（2）当为8、9度时不应采用硬山搁檩屋盖。

2）配筋砖圈梁设置要求

村镇砌体结构房屋应在下列部位设置配筋砖圈梁：

（1）所有纵横墙的基础顶部、每层楼（屋）盖（墙顶）标高处；

（2）当8度为空斗墙房屋和9度时尚应在层高的中部设置一道。

3）木楼（屋）盖砌体拉结措施要求

村镇木楼（屋）盖砌体结构房屋应在下列部位采取拉结措施：

（1）两端开间和中间隔开间的屋架间或硬山搁檩屋盖的山尖墙之间应设置竖向剪刀撑；

（2）山墙、山尖墙应采用墙揽与木屋架或檩条拉结；

（3）内隔墙墙顶应与梁或屋架下弦拉结。

4）承重墙厚度要求

承重（抗震）墙厚度应满足下列要求：

（1）实心砖墙、蒸压砖墙不应小于240 mm；

（2）多孔砖墙不应小于190 mm；

（3）小砌块墙不应小于190 mm；

（4）空斗墙不应小于240 mm。

5）壁柱或其他加强措施要求

当村镇砌体房屋的屋架或梁的跨度大于或等于下列数值时，支撑处宜加设壁柱，或采取其他加强措施：

（1）240 mm以上厚实心砖墙、蒸压砖墙、多孔砖墙为6 m；190 mm厚多孔砖墙为4.8 m；

（2）190 mm厚小砌块墙为4.8 m；

（3）240 mm厚空斗墙为4.8 m。

3.4 村镇砌体房屋抗震计算要点

3.4.1 总水平地震作用

村镇砌体房屋层数较少，高度较低，在进行结构的抗震计算时，宜采用底部剪力法，按倒三角形分布计算结构的水平地震作用。基本烈度地震作用下结构的水平地震作用标准值按式 3-1 确定：

$$F_{Ekb} = \alpha_{maxb} G_{eq} \tag{3-1}$$

式中 F_{Ekb} ——基本烈度地震作用下结构总水平地震作用标准值，kN；

α_{maxb} ——相应于基本烈度地震作用下结构的水平地震影响系数最大值，应按表 3.4 确定；

G_{eq} ——结构等效总重力荷载，kN，单层房屋应取总重力荷载代表值，两层房屋可取总重力荷载代表值的 95%。

表 3.4 基本烈度水平地震影响系数最大值 α_{maxb}

烈度	6 度	7 度	7 度(0.15g)	8 度	8 度(0.30g)	9 度
α_{maxb}	0.12	0.23	0.36	0.45	0.68	0.90

注：7 度(0.15g)指《建筑抗震设计规范》(GB 50011—2010)附录 A 中抗震设防烈度为 7 度，设计基本地震加速度为 0.15g 的地区；8 度(0.30g)是指该规范附录 A 中抗震设防烈度为 8 度，设计基本地震加速度为 0.30g 的地区。

3.4.2 各层水平地震作用

采用底部剪力法时，村镇砌体结构房屋结构计算简图如图3.3所示，各层地震剪力标准值，按下列公式确定：

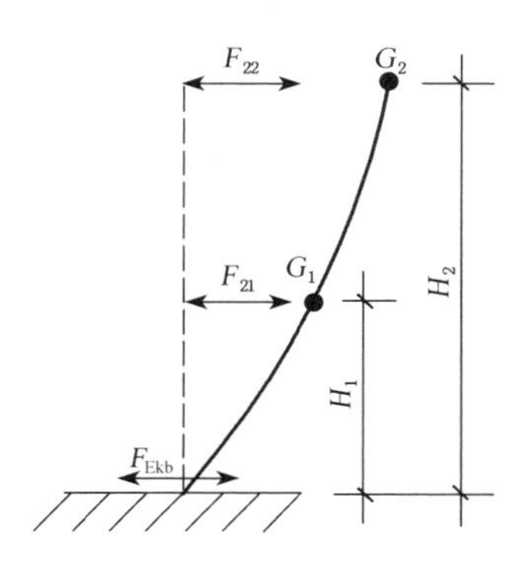

图 3.3　结构水平地震作用简图

对于单层房屋：

$$F_{11} = F_{Ekb} \tag{3-2}$$

对于两层房屋：

$$F_{21} = \frac{G_1 H_1}{G_1 H_1 + G_2 H_2} F_{Ekb} \tag{3-3}$$

$$F_{22} = \frac{G_2 H_2}{G_1 H_1 + G_2 H_2} F_{Ekb} \tag{3-4}$$

式中　F_{11} ——单层房屋的水平地震作用标准值(kN)；

F_{21} ——两层房屋质点 1 的水平地震作用标准值(kN)；

F_{22} ——两层房屋质点 2 的水平地震作用标准值(kN)；

G_{eq} ——结构等效总重力荷载(kN)，单层房屋应取总重力荷载代表值，两层房屋可取总重力荷载代表值的 95%；

G_1、G_2 ——分别为集中于质点 1、2 的重力荷载代表值(kN)，取结构和构配件自重标准值和各可变荷载组合值之和，各可变荷载组合值系数由表 3.5 确定；

H_1、H_2——分别为质点 1、2 的计算高度。

表 3.5　可变荷载组合值系数

可变荷载种类		组合值系数
雪荷载		0.5
屋面积灰荷载		0.5
屋面活荷载		不计入
按实际情况计算的楼面活荷载		1.0
按等效均布荷载计算的楼面活荷载	藏书库、档案库	0.8
	其他民用建筑	0.5

3.4.3　水平地震剪力分配

村镇砌体结构房屋水平地震剪力在各墙体间的分配，与屋盖的刚度有关，而通常的楼、屋盖形式包括两种，即柔性的木楼、屋盖以及半刚性的预制钢筋混凝土楼、屋盖。水平地震剪力的分配原则如下：

(1) 木楼盖、木屋盖等柔性楼、屋盖房屋，其水平地震剪力 V 可按抗侧力构件（即抗震墙）从属面积上重力荷载代表值的比例分配（从属面积按左右两侧相邻抗震墙间距的一半计算）。

(2) 预应力圆孔楼板、屋盖等半刚性楼、屋盖房屋，其水平地震剪力 V 可取以下两种分配结果的平均值：

① 按抗侧力构件（即抗震墙）从属面积上重力荷载代表值的比例分配。

② 按抗侧力构件（即抗震墙）等效刚度的比例分配。简化计算时可大致按各墙体 1/2 层高处的水平截面面积占该方向抗震墙总水平截面面积的比例分配。

3.4.4　墙体截面承载力验算

采用极限承载力验算方法，计算公式 3-5 如下：

$$V_b \leqslant \gamma_{bE} \zeta_N f_{v,m} A \tag{3-5}$$

式中　V_b ——基本烈度作用下墙体剪力标准值(N)，可按 3.4.3 条确定；

γ_{bE} ——极限承载力抗震调整系数，对承重墙取 0.85，对非承重墙取 0.95；

A ——抗震墙墙体横截面面积(mm^2)；

$f_{v,m}$ ——非抗震设计的砌体抗剪强度平均值(N/mm^2)；

ζ_N ——砌体抗震抗剪强度的正应力影响系数，根据《建筑抗震设计规范》，对砖砌体可按下式计算：

$$\zeta_N = \frac{1}{1.2}\sqrt{1 + 0.45\sigma_o/f_v} \tag{3-6}$$

混凝土小型砌块按下式计算：

当 $\sigma_0/f_v \leqslant 5$ 时：

$$\zeta_N = 1 + 0.25\sigma_0/f_v \tag{3-7}$$

当 $\sigma_0/f_v > 5$ 时：

$$\zeta_N = 2.25 + 0.17(\sigma_0/f_v - 5) \tag{3-8}$$

σ_0 ——对应于重力荷载代表值的砌体截面平均压应力(N/mm^2)；

f_v ——非抗震设计的砌体抗剪强度设计值(N/mm^2)。

本手册的使用对象是县级设计室和村镇工匠，主要是以图、表的形式表达，对于具备一定建筑设计能力的技术人员，可采用上面所给出的方法进行设计计算。

本手册在基本烈度地震影响下的设防目标是：主体结构不致严重破坏，围护结构不发生大面积倒塌。与设防目标相对应，在截面抗震验算中采用基本烈度（与抗震设防烈度相当）地震作用标准值进行极限承载力设计方法，直接验算结构开裂后的极限承载力，用抗震构造措施作为设防烈度地震影响下不倒塌的保证。

由于式3-5中对墙体的截面抗震受剪极限承载力计算采用的是砌体抗剪强度平均值 $f_{v、m}$，没有任何抗剪储备，所以采用抗震极限承载力调整系数 γ_{bE} 进行适当调整。当 γ_{bE} 取0.85时，对应于砌体抗剪强度平均值 $f_{v、m}$ 与标准值 $f_{v、k}$ 之和的1/2左右。

3.5 抗震构造措施

村镇砌体结构房屋由于在建造材料、施工技术水平上与城镇砌体房屋建设存在差异，采用的构造措施也不尽相同。对于在经济水平比较高的村镇地区，如果施工技术水平可以保证钢筋混凝土构件的设计和施工质量，可以参照《建筑抗震设计规范》中多层砖、砌块砌体房屋的有关构造措施，如设置混凝土构造柱、芯柱和圈梁等。而对于大部分的村镇砌体结构一、二层房屋的抗震构造措施，应遵照《规程》执行，并考虑低造价、就地取材，采取简单易行的、施工难度不大、熟练的建筑工匠就可以操作的要求。

3.5.1 配筋砖圈梁的设置与构造

在村镇地区，考虑到大部分地区施工条件和经济发展状况，设置配筋砖圈梁是简单有效、经济可行的抗震构造措施。

配筋砖圈梁设置位置要考虑到能够切实提高房屋的整体性，有效约束墙体。配筋砖圈梁设置位置详见第3.3.5条2)款，在确定配筋砖圈梁的设置位置后，还要满足一定的构造要求，如采用的砂浆强度等级、厚度及配筋构造要求等。《规程》第 5.2.1 条规定配筋砖圈梁应符合下列要求：

(1) 砂浆强度等级：6、7 度时不应低于 M5，8、9 度时不应低于 M7.5。

(2) 配筋砖圈梁砂浆层的厚度不宜小于 30 mm。

(3) 配筋砖圈梁的纵向钢筋配置不应低于表 3.6 的要求。

表 3.6　配筋砖圈梁最小纵向配筋

墙体厚度(mm)	非抗震设计	抗震设防烈度		
		6、7 度设防	8 度	9 度
≤240	2ϕ6	2ϕ6	2ϕ6	2ϕ6
370	2ϕ6	2ϕ6	2ϕ6	3ϕ8
490	2ϕ6	2ϕ6	3ϕ6	3ϕ8

(4) 配筋砖圈梁交接(转角)处的钢筋应搭接(图 3.4)。

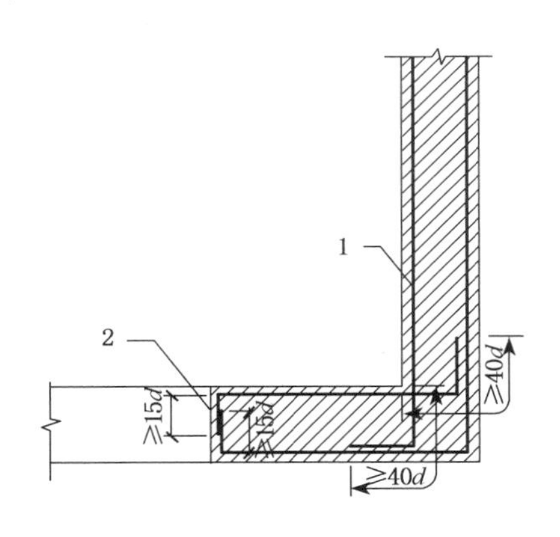

图 3.4　配筋砖圈梁洞口边、转角处钢筋搭接

(5) 当采用小砌块墙体时，在配筋砖圈梁高度处应卧砌不少于两皮混凝土砖；或用槽型砌块，槽深度 60 mm 灌注配筋混凝土。

3.5.2 墙体的整体性连接

墙体作为房屋的主要竖向承载构件，围合的墙体构成了房屋的主体结构，墙体的整体连接质量好与坏，对于整个房屋的抗震性能至关重要。村镇砌体结构房屋的纵横墙连接处，如墙体转角和内外墙交接处是抗震的薄弱环节，刚度大、应力集中，尤其是房屋的四角还承受地震的扭转作用，地震破坏更为普遍和严重。我国大部分地区的村镇房屋基本未进行抗震设防，房屋墙体在转角处缺少有效的拉结，纵横墙体连接不牢固，往往在 7 度时就出现破坏现象，8 度区则破坏明显。在转角处加设水平拉结钢筋可以加强转角处和内外墙交接处的墙体的连接，约束该部位墙体，减轻地震时的破坏。另外，出屋面的楼梯间由于地震动力反应放大的鞭梢效应，更容易遭受破坏，其震害比主体结构破坏更加严重，更需要加强纵、横墙的拉结。

《规程》第 5.2.2 条规定，纵横墙交接处的连接应符合下列要求：

(1) 7 度时空斗墙房屋、其他房屋中长度大于 7.2 m 的大房间，以及 8 度和 9 度时，外墙转角及纵横墙交接处，应沿墙高每隔 750 mm 设置 2ϕ6 拉结钢筋或 ϕ4@200 拉结铁丝网片，拉结钢筋或网片每边伸入墙内的长度不宜小于 750 mm 或伸至门窗洞边(图 3.5，图 3.6)。

(2) 突出屋顶的楼梯间的纵横墙交接处，应沿墙每隔 750 mm 设 2ϕ6 拉结钢筋，且每边伸入墙内的长度不宜小于 750 mm(图 3.5，图 3.6)。

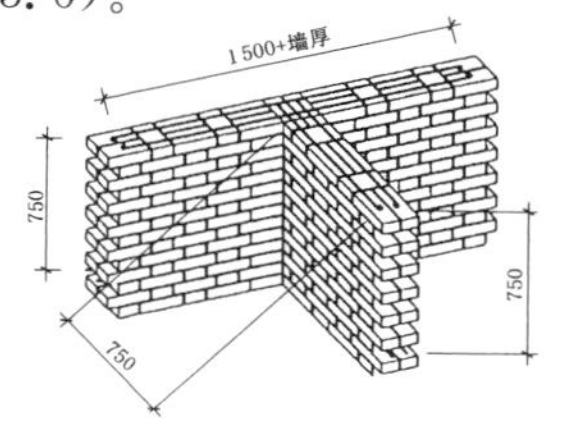

图 3.5 纵横墙交接处拉结(T 形墙)

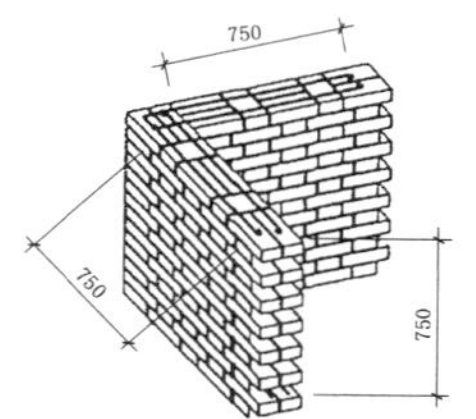

图 3.6 纵横墙交接处拉结(L 形墙)

(3) 8、9 度时，顶层楼梯间的横墙和外墙，宜沿墙高每隔 750 mm 处设置 2ϕ6 通长钢筋。

(4) 后砌非承重隔墙应沿墙高每隔 750 mm 设置 2ϕ6 拉接钢筋或 ϕ4@200 钢丝网片与承重墙拉接，拉接钢筋或钢丝网片每边伸入墙内的长度不宜小于 500 mm；长度大于 5 m 的后砌隔墙，墙顶应与梁、楼板或檩条连接，连接做法应符合《规程》第六章的有关规定。

3.5.3　门窗过梁构造要求

门窗过梁承担着洞口上部墙体的重量，如果过梁的强度不足，或过梁的纵向钢筋伸入支座砌体内的长度不够也会出现问题。因此在村镇砌体结构房屋中，应重视对门窗过梁的构造要求。钢筋混凝土楼、屋盖房屋，门窗洞口应采用钢筋混凝土过梁；木楼屋盖房屋，门窗洞口可采用钢筋混凝土过梁或者钢筋砖过梁。当门窗洞口采用钢筋砖过梁时，钢筋砖过梁的构造应符合下列规定：

(1) 钢筋砖过梁底面砂浆层中的钢筋配筋量应不低于表 3.7 的规定，也可按《规程》附录 F 的方法计算确定，直径不应小于 6 mm，间距不宜大于 100 mm；钢筋伸入支座砌体内的长度不宜小于 240 mm。

(2) 钢筋砖过梁底面砂浆层的厚度不宜小于 30 mm，砂浆层的强度等级不应低于 M5。

(3) 钢筋砖过梁截面高度内的砌筑砂浆强度等级不宜低于 M5。

(4) 当采用多孔砖或小砌块墙体(砌块墙应用混凝土砖)时，在钢筋砖过梁底面应卧砌不少于两皮普通砖，伸入洞边不小于 240 mm。

表 3.7 钢筋砖过梁底面砂浆层中的钢筋配筋量

过梁上墙体高度 h_w(m)	门窗洞口宽度 b(m)	
	$b \leqslant 1.5$	$1.5 < b \leqslant 1.8$
$h_w \geqslant b/3$	3ϕ6	3ϕ6
$0.3 < h_w < b/3$	4ϕ6	3ϕ8

3.5.4 木楼、屋盖构造要求

木楼盖通常是由木龙骨和格栅、木板组成。由于不同地区的自然条件、建造习惯的不同，木楼、屋盖的建造方式存在一定的差异，但是不论采用什么样木楼、屋盖，都要加强木楼、屋盖各构件之间的连接，提高其抗震性能，保证楼、屋盖系统具有一定的整体性。

《规程》第 5.2.6 条规定，当采用木楼盖时，应符合下列构造要求：

(1) 搁置在砖墙上的龙骨下应铺设砂浆垫层。

(2) 内墙上龙骨应满搭或采用夹板对接或燕尾榫、扒钉连接。

(3) 龙骨及其上面的各个木构件应采用圆钉、扒钉等相互连接。

《规程》第 5.2.8 条规定，当 6、7 度采用硬山搁檩屋面时，应符合下列构造要求：

(1) 当为坡屋面时，应采用双坡或拱形轻质材料屋面。

(2) 檩条支承处应设垫木，垫木下应铺设砂浆垫层。

(3) 端檩应出檐，内墙上檩条应满搭或采用夹板对接或燕尾榫、扒钉连接。

(4) 木屋盖各构件应采用圆钉、扒钉或铁丝等相互连接。

(5) 竖向剪刀撑宜设置在中间檩条和中间系杆处；剪刀撑与檩条、系杆之间及剪刀撑中部宜采用螺栓连接；剪刀撑两端与檩条、系杆应顶紧不留空隙(图 3.7)。

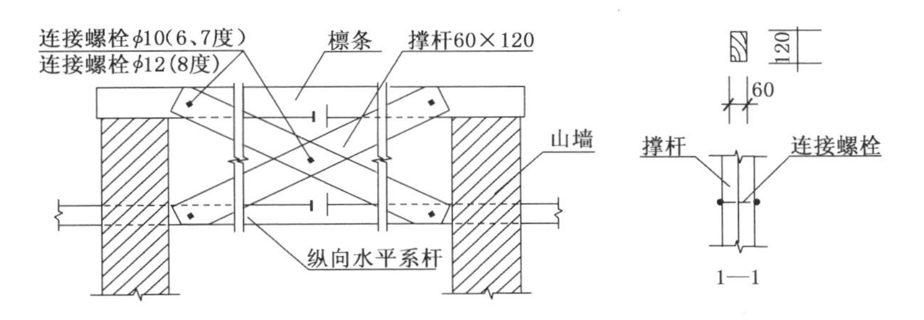

图 3.7　硬山搁檩屋盖山尖墙竖向剪刀撑

(6) 木檩条宜采用 8 号铁丝与配筋砖圈梁中的预埋件拉接。

《规程》规定，当采用木屋架屋盖时，应符合下列构造要求：

(1) 砖木结构房屋应在房屋中屋檐高度处设置纵向水平系杆，系杆应采用墙揽与各道横墙连接或与屋架下弦杆钉牢。

(2) 木屋架上檩条应满搭或采用夹板对接或燕尾榫、扒钉连接。

(3) 屋架上弦檩条搁置处应设置檩托，檩条与屋架应采用扒钉或铁丝等相互连接。

(4) 檩条与其上面的椽子或木望板应采用圆钉、铁丝等相互连接。

(5) 竖向剪刀撑的构造做法如图 3.8 所示。

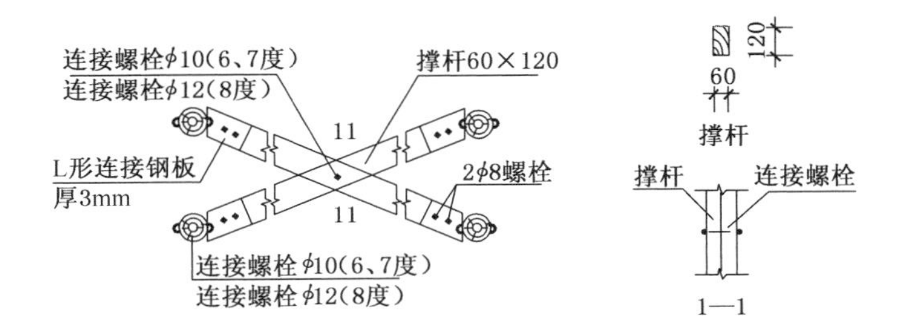

图 3.8　三角形木屋架竖向剪刀撑

3.5.5 空斗墙构造要求

空斗墙房屋的破坏规律与实心砖墙房屋类似，也是以地震作用下的剪切裂缝为主，但是墙体的有效水平截面积小，墙体的整体性也相对较差，抗震性能总体来说不如使用同等强度的材料、房屋建筑形式以及体量、高度、层数等基本相同的实心砖墙房屋。为加强空斗墙体房屋的整体性，在一些抗震薄弱部位和承受楼屋盖重量的主要受力部位采用实心卧砌予以加强。

《规程》第 5.2.10 条规定，空斗墙体的下列部位，应卧砌成实心砖墙：

(1) 转角处和纵横墙交接处距墙体中心线不小于 300 mm 宽度范围内墙体。

(2) 室内地面以上不少于三皮砖、室外地面以上不少于十皮砖标高处以下部分墙体。

(3) 楼板、龙骨和檩条等支承部位以下通长卧砌四皮砖。

(4) 屋架或大梁支承处沿全高、且宽度不小于 490 mm 范围内的墙体。

(5) 壁柱或洞口两侧 240 mm 宽度范围内。

(6) 屋檐或山墙压顶下通长卧砌两皮砖。

(7) 配筋砖圈梁处通长卧砌两皮砖。

3.5.6 其他构造要求

1) 小砌块墙体

小砌块墙体的下列部位，应采用不低于 Cb20 灌孔混凝土，沿墙全高将孔洞灌实作为芯柱：

① 转角处和纵横墙交接处距墙体中心线不小于 300 mm 宽度范围内墙体；

② 屋架、大梁的支撑处墙体，灌实宽度不应小于 500 mm；

③ 壁柱或洞口两侧不小于 300 mm 宽度范围内。

另外，小砌块房屋的芯柱竖向插筋不应小于 ϕ12，并应贯通墙身；芯柱与墙体配筋砖圈梁交叉部位局部采用现浇混凝土，在灌孔时应同时浇筑，芯柱的混凝土和插筋、配筋砖圈梁的水平配筋应连续通过。芯柱灌孔混凝土应有高流动度和低收缩性，并用小振动棒振实。

2）预应力圆孔板楼(屋)盖

《规程》第 5.2.13 规定，预应力圆孔板楼(屋)盖的整体性连接和构造，应符合下列要求：

① 支承在墙或混凝土梁上的预应力圆孔板，板端钢筋应搭结，并应在板端缝隙中设置直径不小于 ϕ8 的拉结钢筋与板端钢筋焊接，如图 3.9 所示；

② 预应力圆孔板端的孔洞，应采用砖块与砂浆等材料封堵；

③ 预应力圆孔板支承处应有坐浆；板端缝隙应采用不低于 C20 的细石混凝土浇筑密实；板上应有水泥砂浆面层。

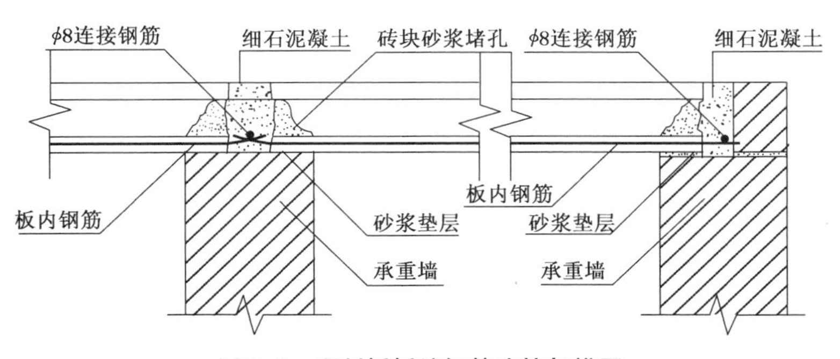

图 3.9 预制板板端钢筋连接与锚固

本章参考文献

[1] 镇(乡)建筑抗震技术规程(JGJ 161—2008). 北京：中国建筑工业出版社，2008

[2] 葛学礼,朱立新,黄世敏. 镇(乡)村建筑抗震技术规程实施指南. 北京:中国建筑工业出版社,2010

[3] 砌筑结构设计规范(GB 50003—2011). 北京:中国建筑工业出版社,2012

[4] 建筑抗震设计规范(GB 50011—2010). 北京:中国建筑工业出版社,2010

[5] 黄际洸. 混凝土砌块性能构造与设计. 北京:机械工业出版社,2008

[6] 施楚贤. 砌体结构理论与设计. 第2版. 北京:中国建筑工业出版社,2003

[7] 朱伯龙. 砌体结构设计理论. 上海:同济大学出版社,1991

[8] 苏小卒. 砌体结构设计. 上海:同济大学出版社,2002

[9] 丁大钧. 砌体结构. 北京:中国建筑工业出版社,2004

[10] 董明海,宋丽. 砌体结构设计理论. 西安:西安交通大学出版社,2010

第 4 章
村镇砌体结构施工

4.1　砌筑砂浆

砂浆的作用是将块材按一定的砌筑方法黏结成整体而共同工作。同时,因为在铺砌时填满块材的空隙,使砌体受力均匀,并可提高砌体的保温性能、防水性能和防冻性能等。按其组成材料可分为石灰砂浆、水泥砂浆和混合砂浆。

4.1.1　原材料

砌筑砂浆通常是由凝胶材料(水泥)、细骨料(砂)、掺和料、外加剂和水按适当比例(重量)配置而成。这些组成的材料都应满足相应的要求。

1) 水泥

水泥的品种可根据工程的实际情况选用。水泥的强度等级应根据设计要求选择,不宜太高,水泥标号一般为砂浆等级的 4～5 倍,一般可选用 32.5 级或 42.5 级,所配置的砂浆应符合设计要求。

水泥进场前使用前,应分批对其强度、安定性进行复检。检验批应以同一生产厂家、同一编号为一批。如遇到水泥强度等级不明、对水泥质量有怀疑或水泥出厂日期超过 3 个月(快硬化水泥超过 1 个月)时,应进行复检,并按其结果确定如何使用。对不同品种的水泥，不得混用，以免由于材料变化而引起工程质量问题。

2）*砂*

砌筑砂浆中的砂宜采用中砂（细砂制成的砂浆强度较低，一般用于勾缝），并符合现行行业标准《普通混凝土用砂、石质量及检验方法标准》（JGJ 52—2006）的规定。砂子中不得含有草根等有害物质。砂子中的含泥量不应过高，要符合下列要求：

（1）对水泥砂浆和强度等级不小于 M5 的水泥混合砂浆，不应超过 5%。

（2）对强度等级小于 M5 的水泥混合砂浆，不应超过 10%。

（3）采用细砂的地区，砂的含泥量可经试配后适当放宽。

（4）人工砂、山砂及特细砂应经试配，满足砌筑砂浆技术条件要求方可使用。

3）*石灰*

石灰在土木工程中使用较早的矿物凝胶材料之一。目前，工程中常用的石灰产品：磨细生石灰粉、消石灰粉和石灰膏。

根据我国建材行业标准《建筑生石灰》（JC/T 479—92）与《建筑生石灰粉》（JC/T 480—92）的规定，按石灰中氧化镁的含量，将生石灰分为钙质生石灰（MgO 含量≤5%）和镁质生石灰（MgO 含量>5%）两类，他们的技术指标又可分为优等品、一等品、合格品三个等级。生石灰及生石灰粉的主要技术指标见表 4.1、表 4.2。

表 4.1　建筑生石灰技术指标（JC/T 479—92）

项目	钙质生石灰			镁质生石灰		
	优等品	一等品	合格品	优等品	一等品	合格品
CaO + MgO 含量不小于(%)	90	85	80	85	80	75
CO_2 含量不大于(%)	5	7	9	6	8	10
未消化残渣含量（5 mm 圆孔筛余）不大于(%)	5	10	15	5	10	15

续　表

项　　目	钙质生石灰			镁质生石灰		
	优等品	一等品	合格品	优等品	一等品	合格品
产浆量，不小于(L/kg)	2.8	2.3	2.0	2.8	2.3	2.0

表 4.2　建筑生石灰粉技术指标(JC/T 480—92)

项　　目		钙质生石灰粉			镁质生石灰粉		
		优等品	一等品	合格品	优等品	一等品	合格品
CaO+MgO 含量不小于(%)		85	80	75	80	75	70
CO_2 含量不大于(%)		7	9	11	8	10	12
细度	0.90 mm 筛的筛余不大于(%)	0.2	0.5	1.5	0.2	0.5	1.5
	0.125 mm 筛的筛余不大于(%)	7.0	12.0	18.0	7.0	12.0	18.0

根据《建筑消石灰粉》(JC/T 481—92)的规定，将消石灰粉分为钙质生石灰(MgO 含量≤4%)、镁质生石灰(MgO 含量≥4%，<24%)和白云石消石灰粉(MgO 含量≥24%，<30%)三类，并按他们的技术指标分为优等品、一等品、合格品三个等级，主要技术指标见表 4.3。

表 4.3　建筑消石灰粉的技术指标(JC/T 481—92)

项目	钙质消石灰粉			镁质消石灰粉			白云石消石灰粉		
	优等品	一等品	合格品	优等品	一等品	合格品	优等品	一等品	合格品
CaO+MgO 含量不小于，(%)	70	65	60	65	60	55	65	60	55
游离水(%)	0.4～2	0.4～2	0.4～2	0.4～2	0.4～2	0.4～2	0.4～2	0.4～2	0.4～2
体积安定性	合格	合格	—	合格	合格	—	合格	合格	—

续 表

项目		钙质消石灰粉			镁质消石灰粉			白云石消石灰粉		
		优等品	一等品	合格品	优等品	一等品	合格品	优等品	一等品	合格品
细度	0.90 mm筛的筛余不大于(%)	0	0	0.5	0	0	0.5	0	0	0.5
	0.125 mm筛的筛余不大于(%)	3	10	15	3	10	15	3	10	15

生石灰加水(水量约为石灰体积的3～4倍)消化而成,石灰浆在沉淀池中沉淀,并除去上层水分后,称为石灰膏。石灰膏多用于配制石灰砂浆,如果水量加的更多,则呈白色悬浮液,称为石灰浆(或石灰乳),主要用于粉刷等。

制备石灰膏时,应用筛网过滤,并使其充分熟化,熟化时间不少于7 d,生石灰粉熟化时,熟化时间不得少于1 d。沉淀池中贮存的石灰膏,应防止干燥、冻结和污染。严禁使用脱水硬化的石灰膏。

4) 粉煤灰

粉煤灰是从煤粉炉排出的烟气中收集到的细粉末。根据《用于水泥混凝土中的粉煤灰》(GB 1596—2005)规定,粉煤灰分为Ⅰ、Ⅱ、Ⅲ三个等级,其质量指标见表4.4,作为砂浆掺和料的粉煤灰成品应满足Ⅲ级的要求。

表4.4 粉煤灰等级与质量指标

质量指标	粉煤灰等级		
	Ⅰ	Ⅱ	Ⅲ
细度(0.045 mm方孔筛筛余%)不大于	12	20	45
烧失量(%)不大于	5	8	15

续　表

质量指标	粉煤灰等级		
	Ⅰ	Ⅱ	Ⅲ
需水量比(%)不大于	95	105	115
三氧化硫(%)不大于	3	3	3
含水量(%)不大于	1	1	不规定

5）水

拌制砂浆所用的水，通常可采用饮用水，其水质应符合国家现行标准《混凝土用水标准》(JGJ 63—2006)的规定。当水中含有有害物质时，会影响水泥的正常凝结，并可能对钢筋产生锈蚀作用。

6）外加剂

为了提高砂浆的和易性并节约石灰膏，可在水泥砂浆或混合砂浆中掺入无机塑化剂和符合质量要求的有机塑化剂(如松香热聚物微沫剂)，砂浆中掺入的有机塑化剂，应符合相应的产品标准和说明书的要求。

在砂浆中掺入有机塑化剂、早强剂、缓凝剂、防冻剂等外加剂时，应经检验和试配符合要求后，方可使用。对于有机塑化剂，应针对砌体强度的形式检验，根据检验结果确定砌体强度。即应提供砌体强度形式的报告。

4.1.2　砌筑砂浆的制备及性能

1）砌筑砂浆的制备

(1) 砂浆的材料应按照一定的比例(重量)来配制，配制的比例应按试配的结果来确定，实际施工用的砂浆强度应比设计强度等级提高 15%。当配制砂浆的材料发生变化时，应重新确定配合比。水泥、有机塑化剂、冬期施工中掺用的氯盐等用量不超过±2%；砂、石灰膏、粉煤灰、生石灰粉等用量不超过±5%。其中，石灰膏使用时的用量，应按试配时的稠度与使用的稠度予以调整，即用计算所得的石灰膏用量乘以换算系数，见表 4.8。同时还应对砂的含水率进行测定，并考虑其砂浆组成材料的影响。水泥砂浆和易性差，会使砌筑的砌体的强度会有所下降，因此，应提高水泥砂浆的配制强度（一般提高一级），以达到工程设计的要求。

（2）砂浆应采用机械搅拌，既减轻劳动强度，又可使砂浆搅拌均匀。拌制砂浆时，应先加入水泥和砂，干拌均匀，再加入石灰膏和水；若砂浆中掺入粉煤灰，则应先加入水泥、砂和粉煤灰及部分水，干拌均匀，再加入石灰膏和水，搅拌均匀即可。自投料完毕算起，搅拌时间应符合下列规定：

① 水泥砂浆和水泥混合砂浆不得少于 2 min；

② 水泥粉煤灰砂浆和掺用外加剂的砂浆不得少于 3 min；

③ 掺用有机塑化剂的砂浆应为 3～5 min。

（3）砌筑砂浆应具有良好的保水性，保水性是指搅拌好的砂浆在运输、停放、使用过程中，水与凝胶材料及骨料分离快慢的性质。新拌的砂浆在存放、运输和使用过程中，都应有良好的保水性，这样才能保证在砌体中形成均匀的砂浆缝，以保证砌体的质量。如果使用保水性不良的砂浆，在施工过程中，砂浆很容易出现泌水和分层离析现象，使流动性变差，不易铺成均匀的砂浆层，使砌体的砂浆饱满度降低。同时，保水性不良的砂浆在砌筑时，水分容易被砖、砌块、石等砌体材料很快吸收，影响凝胶材料的正常硬化。不但降低砂浆本身的强度，而且使砂浆与砌体材料的黏结不牢，最终降低砌体的质量。

砂浆的保水性用“分层度”来检验和评定，可用砂浆分层度测量仪测定。分层度大于 30 mm 的砂浆，保水性差，容易离析，不便于保证施工质量；分层度接近于零的砂浆，其保水性太强，在砂浆硬化过程中容易发生收缩开裂；砌筑砂浆的分层度一般在 10～20 mm 之间。

2）*砌筑砂浆的强度*

（1）砂浆的强度等级

砂浆的强度等级是边长 70.7 mm 的立方体试块在标准养护条件下，龄期是 28 d 的抗压强度等级平均值而确定的，分 M2.5、M5、M7.5、M10、M15、M20 等六个等级。对于特别重要的砌体和有较高的耐久性要求的工程，宜用强度等级高于 M10 的砂浆。

（2）试块取样

施工中进行砂浆试验取样时，应在搅拌机出料口、砂浆运送车或砂浆槽中至少 3 个不同部位随机取样。

每一楼层或 250 m^3 砌体中的各种强度等级的砂浆，每台搅拌机应至少检查一次，每次至少应制作一组试块（每组 6 块）。如砂浆的强度等级或配合比变更时还应制作试块。基础砌体可按一个楼层计。

（3）强度要求

① 同品种、同强度等级砂浆各组试块的平均强度不小于 $f_{m,k}$。

② 任意一组试块的强度不小于 0.75 $f_{m,k}$。

③ 砌筑砂浆强度按单位工程内同品种、同强度等级砂浆为同一批验收。当单位工程中同品种、同强度等级砂浆按取样规定，仅有一组试块时，其强度不应低于 $f_{m,k}$（表 4.5）。

表 4.5　砌筑砂浆强度等级　　(MPa)

强度等级	龄期 28 d 抗压强度	
	各组平均值不小于	最小一组平均值不小于
M15	15	11.25
M10	10	7.5
M7.5	7.5	5.63
M5	5	3.75
M2.5	2.5	1.88

3）砌筑砂浆配合比设计

砌筑砂浆的配合比设计要根据工程类型和砌筑部位确定砂浆的品种和强度等级，再按其品种和强度等级确定其配合比。当砌筑砂浆的组成材料有变更时，其配合比应重新确定。施工中当采用水泥砂浆代替水泥混合砂浆时，应重新确定砂浆强度等级。

一般要求水泥砂浆的表观密度不应小于 1 900 kg/m^3；水泥混合砂浆的表观密度不应小于 1 800 kg/m^3；水泥砂浆中的水泥用量不宜小于 200 kg/m^3；水泥混合砂浆中胶结细料用量应在 300～500 kg/m^3 之间，在满足流动性及保水性的前提下，宜少用混合料。有抗冻性要求时，应经冻融试验使其质量损失不大于 5%，强度损失不大于 25%，并满足要求的冻融循环次数。

(1) 计算砂浆试配强度 $f_{m,0}$（N/mm^2）

$$f_{m,0} = f_2 + 0.645\sigma \tag{4-1}$$

式中 $f_{m,0}$——砂浆的试配强度，精确至 0.1 N/mm^2；

f_2——砂浆设计强度（即设计抗压强度平均值）（N/mm^2）；

σ——砂浆现场强度标准差，精确至 0.01 N/mm^2。

$$\sigma = \sqrt{\frac{\sum_{i=1}^{N} f_{m,i}^2 - N\mu_{f_m}^2}{N-1}} \tag{4-2}$$

式中 $f_{m,i}$——统计周期内同一品种砂浆第 i 组试件的强度值（N/mm^2）；

μ_{f_m}——统计周期内同一砂浆 N 组试件强度的平均值（N/mm^2）；

N——统计周期内同一品种砂浆试件的总组数，$N \geqslant 25$。

当不具有近期统计资料时，其砂浆现场强度标准差 σ 可按表 4.6 取用。

表 4.6　不同施工水平的砂浆强度标准差　(MPa)

施工水平	砂浆强度等级				
	M2.5	M5.0	M7.5	M10	M15
优良	0.50	1.00	1.50	2.00	3.00
一般	0.62	1.25	1.88	2.50	3.75
较差	0.75	1.50	2.25	3.00	4.50

(2) 计算每 1 m^3 砂浆中的水泥用量 Q_c (kg/m^3)

① 每 1 m^3 砂浆中的水泥用量按式(4-3)计算

$$Q_c = \frac{1\,000(f_{m,0} - B)}{Af_{ce}} \tag{4-3}$$

式中　Q_c ——每 1 m^3 砂浆的水泥用量(kg/m^3);

$f_{m,0}$ ——砂浆的试配强度(MPa);

f_{ce} ——水泥的实测强度,精确至 0.1 MPa;

A、B ——砂浆的特征系数,按表 4.7 取用。

表 4.7　A、B 系数值

序号	砂浆品种	A	B
1	水泥混合砂浆	1.50	−4.25
2	水泥砂浆	1.03	3.50

② 在无法取得水泥的实测强度 f_{ce} 值时,可按式(4-4)计算

$$f_{ce} = \gamma_c f_{ce,k} \tag{4-4}$$

式中　$f_{ce,k}$ ——水泥商品强度等级对应的强度值;

γ_c ——水泥强度等级值的富余系数,该值应按实际统计资料确定。无统计资料时,γ_c 取 1.0。

③ 当计算出水泥砂浆中的水泥用量不足 200 kg/m^3 时,应按 200 kg/m^3 采用。

(3) 根据水泥用量 Q_c 计算掺和料用量 Q_D (kg/m^3)

① 水泥混合砂浆的掺和料用量按式(4-5)计算

$$Q_D = Q_A - Q_C \tag{4-5}$$

式中 Q_D ——每 1 m^3 砂浆的掺和料用量(kg/m^3)；

Q_C ——每 1 m^3 砂浆的水泥用量(kg/m^3)；

Q_A ——每 1 m^3 砂浆中胶黏料和掺和料的总量(kg/m^3)，一般应在 300～500 kg/m^3 之间。

② 石灰膏不同稠度时，其换算系数可按表 4.8 进行换算。

表 4.8　石灰膏不同稠度时的换算系数

石灰膏稠度(mm)	120	110	100	90	80	70	60	50	40	30
换算系数	1.00	0.99	0.97	0.95	0.93	0.92	0.90	0.88	0.87	0.86

(4) 根据砂子堆积密度和含水率，计算砂用量 Q_S (kg/m^3)

每 1 m^3 砂浆中的砂子用量，应以干燥状态(含水率小于 0.5%)的堆积度值作为计算值，单位以 kg/m^3 计。

(5) 按砂浆稠度选择用水量 Q_W (kg/m^3)

每 1 m^3 砂浆中的用水量，可根据经验或按表 4.9 选用。

表 4.9　每 1 m^3 砂浆中的用水量选用值

砂浆品种	混合砂浆	水泥砂浆
用水量(kg/m^3)	260～300	270～330

注：1. 混合砂浆的用水量，不包括石灰膏或黏土中的水。
2. 当采用细砂或粗砂时，用水量分别取上限或下限。
3. 稠度小于 70 mm 时，用水量可小于下限。
4. 施工现场气候炎热或干燥季节，可酌量增加水量。

(6) 砂浆试配及配合比确定

① 砂浆试配时应采用工程中实际使用的材料；搅拌方法应与生产时使用的方法相同。

② 按计算配合比进行试拌，测定其拌和物的稠度和分层度，若不满足要求，则应调整用水量或掺和料，直到符合要求为止。然

后确定为试配时的砂浆基准配合比。

③ 试配时至少应采用三个不同的配合比，其中一个为基准配合比，两个配合比的水泥用量按基准配合比分别增加或减少10%，在保证稠度、分层度合格的条件下，可将用水量或掺和料用量作适量的调整。

④ 三个不同的配合比，经调整后应按行业标准《建筑砂浆基本性能试验方法》(JGJ 70—2009)的规定成形试件测定砂浆强度等级，并选定符合确定要求的且水泥用量较少的砂浆配合比。

同时考虑到村镇住宅建设，特别是偏远、贫困地区，大多不具备通过试配确定砌筑砂浆配合比的条件，而且是以施工现场搅拌为主，为此根据现行行业标准《镇(乡)村建筑抗震技术规程》(JGJ 161—2008)的有关规定编制了一些配合比以供参考，当有相关试配结果或可靠经验时，也可对给出的配合比进行调整，见表4.10～表 4.12。

表 4.10　水泥砂浆配合比(32.5 级水泥)

砂浆强度等级	用量(kg/m³)与比例	配比								
		粗砂			中砂			细砂		
		水泥	砂子	水	水泥	砂子	水	水泥	砂子	水
M1	用量	195	1 500	270	200	1 450	300	205	1 400	330
	比例	1	7.69	1.38	1	7.25	1.50	1	6.83	1.61
M2.5	用量	207	1 500	270	213	1 450	300	220	1 400	330
	比例	1	7.25	1.30	1	6.81	1.41	1	6.36	1.50
M5	用量	253	1 500	270	260	1 450	300	268	1 400	330
	比例	1	5.93	1.07	1	5.58	1.15	1	5.22	1.23
M7.5	用量	276	1 500	270	285	1 450	300	300	1 400	330
	比例	1	5.43	0.98	1	5.09	1.05	1	4.76	1.12

续 表

砂浆强度等级	用量(kg/m³)与比例	配比								
		粗砂			中砂			细砂		
		水泥	砂子	水	水泥	砂子	水	水泥	砂子	水
M10	用量	305	1 500	270	315	1 450	300	325	1 400	330
	比例	1	4.92	0.89	1	4.60	0.95	1	4.31	1.02

表 4.11　混合砂浆配合比(32.5 级水泥)

砂浆强度等级	用量(kg/m³)与比例	配比								
		粗砂			中砂			细砂		
		水泥	石灰	砂子	水泥	石灰	砂子	水泥	石灰	砂子
M1	用量	157	173	1 500	163	167	1 450	169	161	1 400
	比例	1	1.10	9.53	1	1.02	8.87	1	0.95	8.26
M2.5	用量	176	154	1 500	183	147	1 450	190	140	1 400
	比例	1	0.88	8.52	1	0.80	7.92	1	0.74	7.40
M5	用量	204	126	1 500	212	118	1 450	220	110	1 400
	比例	1	0.62	7.35	1	0.56	6.84	1	0.50	6.36
M7.5	用量	233	97	1 500	242	88	1 450	251	79	1 400
	比例	1	0.42	6.44	1	0.36	5.99	1	0.31	5.58

表 4.12　混合砂浆配合比(42.5 级水泥)

砂浆强度等级	用量(kg/m³)与比例	配比								
		粗砂			中砂			细砂		
		水泥	石灰	砂子	水泥	石灰	砂子	水泥	石灰	砂子
M1	用量	121	209	1 500	125	205	1 450	129	201	1 400
	比例	1	1.73	12.40	1	1.64	11.60	1	1.56	10.86
M2.5	用量	135	195	1 500	140	190	1 450	145	185	1 400
	比例	1	1.44	11.11	1	1.36	10.36	1	1.28	9.66

续　表

砂浆强度等级	用量(kg/m³)与比例	配比								
		粗砂			中砂			细砂		
		水泥	石灰	砂子	水泥	石灰	砂子	水泥	石灰	砂子
M5	用量	156	174	1 500	162	168	1 450	168	162	1 400
	比例	1	1.12	9.62	1	1.04	8.95	1	0.96	8.33
M7.5	用量	178	152	1 500	185	145	1 450	192	138	1 400
	比例	1	0.85	8.43	1	0.78	7.84	1	0.72	7.29

4.1.3　砌筑砂浆质量控制

1）砌筑砂浆强度等级应满足设计要求见表2.4。

2）拌制砌筑砂浆的原材料应符合下列要求：

（1）水泥砂浆用水泥强度等级不宜大于32.5级，水泥混合砂浆用水泥的强度等级不宜大于42.5级。

（2）砂浆用砂宜采用过筛中砂，不应含有草根、树叶、树枝、塑料、煤块、炉渣等杂物。水泥砂浆用砂的含泥量不应大于5%，混合砂浆用砂的含泥量不应超过10%。当有可靠经验时，也可采用人工砂、山砂及特细砂。

（3）配置水泥石灰砂浆时，不应采用脱水硬化的石灰膏，消石灰粉也不应直接使用于砌筑砂浆中。生石灰熟化成石灰膏时，应用孔径不大于3 mm×3 mm的筛网过滤，且熟化时间不应少于7 d；磨细生石灰粉的熟化时间不应小于2 d。沉淀池中贮存的石灰膏，应采取防止干燥、冻结和污染等措施。

（4）拌制砌筑砂浆应采用不含有害物质的洁净水。

（5）冬期施工时，应防止石灰膏受冻，如遭冻结，应经融化后方可使用；拌制砂浆用砂，不应含有冰块或大于10 mm的冻结块，且经加热后，砂的温度不应大于80℃；拌制砂浆用水不应含有冰块，且经加热后，水的温度不应大于40℃。

3）拌制砌筑砂浆时，投料的先后顺序应符合下列要求：

（1）搅拌水泥砂浆时，应先投砂再投水泥，干拌均匀后，再加入水搅拌均匀。

（2）搅拌水泥混合砂浆时，应先将砂及水泥投入，干拌均匀后，再投入石灰膏或黏土膏等加水搅拌均匀。

4）砂浆应随拌随用，水泥砂浆和水泥混合砂浆应分别在拌成后3 h和4 h内使用完毕；当施工期间最高气温超过30℃时，应分别在拌成后2 h和3 h内使用完毕。

4.2 砖砌体工程

4.2.1 砌筑用砖

砌筑用砖是指以黏土、工业废料或其他地方资源为主要原料，以不同工艺制造的，用于砌筑承重和非承重构件的砖。

1）烧结普通砖

烧结普通砖根据尺寸偏差、外观质量、泛霜和石灰爆裂分为优等品、一等品、合格品三个质量等级。优等品应无泛霜，一等品砖不允许出现中等泛霜现象，合格品砖不允许出现严重泛霜现象。优等品砖不允许出现最大破坏尺寸大于2 mm的爆裂区域；一等品砖最大破坏尺寸大于2 mm，且小于等于10 mm的爆裂区域，每组样砖不准多于15处，大于10 mm的爆裂区域不准出现；合格品砖最大破坏尺寸大于2 mm且小于等于15 mm的爆裂区域，每组样砖不准多于15处，其中大于10 mm的不准多于7处，不准出现最大破坏尺寸大于15 mm的爆裂区域。烧结普通砖的外观质量见表4.13，尺寸偏差见表4.14。

表 4.13　烧结普通砖外观质量　　　　　(mm)

项　　目		优等品	一等品	合格品
两条面高差度	不大于	2	3	5
变曲	不大于	2	3	5
杂质突出高度	不大于	2	3	5
缺棱掉角的三个破坏尺寸	不得同时大于	15	20	30
裂纹长度 a. 大面上宽度方向及其延伸到条面的长度 b. 大面上长度方向及其延伸到顶面的长度或条顶面上水平裂纹的长度	不大于	 70 100	 70 100	 110 150
完整面	不得少于	一条面和一顶面	一条面和一顶面	—
颜色		基本一致	—	—

表 4.14　烧结普通砖的尺寸偏差　　　　　(mm)

公称尺寸	优等品		一等品		合格品	
	样本平均偏差	样本极差≤	样本平均偏差	样本极差≤	样本平均偏差	样本极差≤
240	±2.0	8	±2.5	8	±3.0	8
115	±1.5	6	±2.0	6	±2.5	7
53	±1.5	4	±1.6	5	±2.0	6

2）烧结多孔砖

烧结多孔砖是以黏土、页岩、煤矸石等为主要原料，经焙烧而成的多孔砖。

(1) 烧结多孔砖的孔洞尺寸应符合表 4.15 的规定。

表 4.15　烧结多孔砖孔洞尺寸规定

圆孔直径	非圆孔内切圆直径	手抓孔
≤22 mm	≤15 mm	(30～40 mm)×(75～85 mm)

(2) 烧结多孔砖的尺寸偏差应符合表 4.16 的规定。

表 4.16　烧结多孔砖的尺寸偏差　(mm)

公称尺寸	优等品		一等品		合格品	
	样本平均偏差	样本极差≤	样本平均偏差	样本极差≤	样本平均偏差	样本极差≤
290、240	±2.0	5	±2.5	7	±3.0	8
190、180、175、140、115	±1.5	4	±2.0	6	±2.5	7
90	±1.5	3	±1.6	5	±2.0	6

(3) 烧结多孔砖的外观质量应符合表 4.17 的规定。

表 4.17　烧结多孔砖外观质量　(mm)

项　　目	指标		
	优等品	一等品	合格品
颜色(一条面和一顶面)	一致	基本一致	—
完整面不得少于	一条面和一顶面	一条面和一顶面	—
缺棱掉角的三个破坏尺寸不得同时大于	15	20	30
裂纹长度不大于			
a. 大面上深入孔壁 15 mm 以上宽度方向及其延伸到条面上的长度	60	80	100
b. 大面上深入孔壁 15 mm 以上长度方向及其延伸到顶面的长度	60	80	120
c. 条、顶面上的水平裂纹	80	100	120
杂质在砖面上造成的凸出高度不大于	3	4	5

3) *蒸压灰砂砖*

蒸压灰砂砖外观质量要满足表 4.18 的规定。

表 4.18　蒸压灰砂砖外观质量　(mm)

项目	指标		
	优等品	一等品	合格品
尺寸允许偏差　不大于			
长度	±2	±2	±3
宽度	±2	±2	±3
高度	±1	±2	±3
对应高度差　不大于	1	2	3
裂纹长度　不大于			
a. 大面上宽度方向及其延伸到条面的长度	30	50	70
b. 大面上长度方向及其延伸到顶面上的长度或条、顶面上水平裂缝的长度	50	70	100
每一缺棱掉角的最小破坏尺寸不大于	10	15	25
完整面不少于	两条面和一顶面或两顶面和一条面	一条面和一顶面	一条面和一顶面

注：凡有以下缺陷者，均为非完整面。
1. 缺陷尺寸或掉角的最小尺寸大于 8 mm。
2. 灰球黏土团、草根等杂物造成破坏面的两个尺寸同时大于 10 mm×20 mm。
3. 有气泡、麻面、龟裂等缺陷。

4）煤渣砖

煤渣砖的尺寸偏差与外观质量应符合表 4.19 的规定。

表 4.19　煤渣砖尺寸偏差与外观质量　(mm)

项目	指标		
	优等品	一等品	合格品
尺寸允许偏差			
长度	±2	±3	±4
宽度	±2	±3	±4
高度	±2	±3	±4
对应高度差　不大于	1	2	3

续　表

项目	指标		
	优等品	一等品	合格品
每一缺棱掉角的最小破坏尺寸　不大于	10	20	30
完整面　不小于	二条面和一顶面 或 二顶面和一条面	一条面和 一顶面	一条面和 一顶面
裂纹长度　不大于 a. 大面上宽度方向及其延伸到条面的长度 b. 大面上长度方向及其延伸到顶面上的长度或条、顶面水平裂纹长度	 30 50	 50 70	 70 100
层裂	不允许	不允许	不允许

注：在条面或顶面上破坏面的两个尺寸同时大于 10 mm 和 20 mm 者为非完整面。

4.2.2　砖砌体施工

1）*砖砌体组砌形式*

砖砌体的组砌要求：上下错缝，内外搭接，以保证砌体的整体性；同时组砌要有规律，少砍砖，以提高砌筑效率，节约材料。

（1）砖墙的组砌形式

① 一顺一丁式（又称满丁满条）。是 1 皮顺砖与 1 皮丁砖相互间隔砌筑而成，上下皮间的竖缝相互错开 1/4 砖长，如图 4.1(a)所示。这种砌筑方法主要用于一砖、一砖半及二砖厚墙的砌筑。

② 三顺一丁式。是 3 皮中全部顺砖与 1 皮中全部丁砖间隔砌成。上下皮顺砖间竖缝错开 1/2 砖长；上下皮顺砖与丁砖间竖缝错开 1/4 砖长，如图 4.1(b)所示。这种砌筑方法，由于顺砖比较多，砌筑效率较高，适用于一砖和一砖半以上的厚墙。

③ 二平一侧砌法。二平一侧又称 18 墙，是采用二皮砖平砌与一皮侧砌的顺砖相隔而成。此法效率低，但节省砖块，可以作为

层数比较小的建筑物的承重墙。如图 4.1(c)所示。

④ 梅花丁砌法(又称沙包式、十字式)。是每皮中丁砖与顺砖相间隔,上皮丁砖坐中于下皮顺砖,上下皮间竖缝相互错开 1/4 砖长,如图 4.1(d)所示。这种砌法内外竖缝每皮都能错开,故整体性较好,灰缝整齐,比较美观,但砌筑效率很低。砌筑清水墙或当砖规格不一致时,采用此法较好。

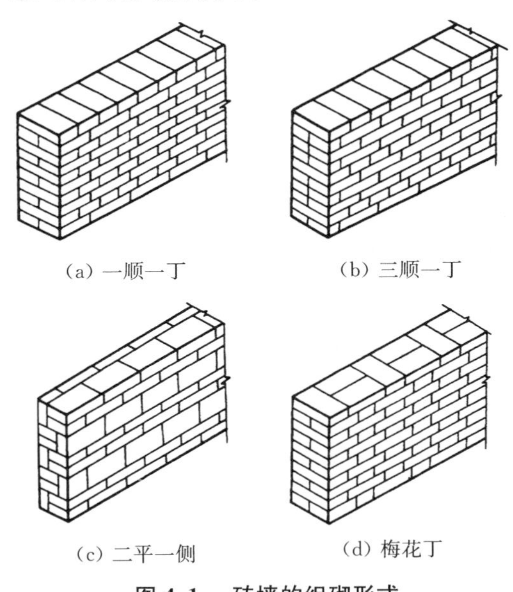

(a) 一顺一丁　(b) 三顺一丁

(c) 二平一侧　(d) 梅花丁

图 4.1　砖墙的组砌形式

⑤ 全顺砌法。全部采用顺砖砌筑,上下皮间竖缝错开 1/2 砖长。此法仅用于砌半砖厚墙。如图 4.2(a)所示。

⑥ 全丁砌法。全部采用丁砖砌筑,上下皮间竖缝错开 1/4 砖长。此法仅用于砌筑圆弧形砌体,如烟囱、窨井等。如图4.2(b)所示。

上述各种方法中,每层墙的最下一皮和最上一皮,梁和梁垫的下面,墙的阶台水平面上,窗台最上一皮,钢筋砖过梁最下一皮均应丁砖砌筑。

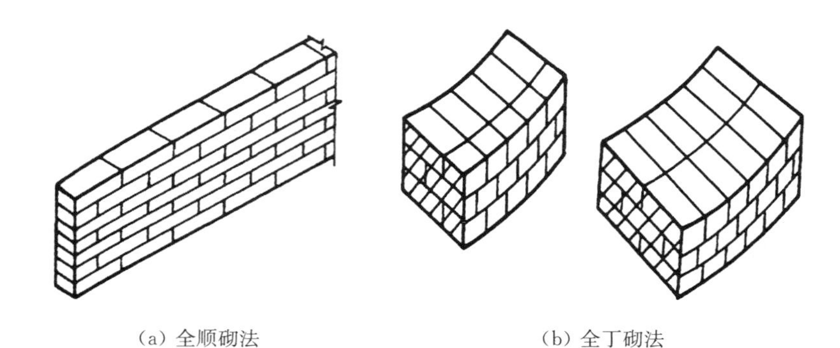

(a) 全顺砌法　　(b) 全丁砌法

图 4.2　全顺和全丁砌法

（2）砖柱的组砌

砖柱和砖垛宜根据其断面选择合适的砌筑方法，并应符合下列规定：

① 应使柱面上下皮砖的竖缝相互错开 1/2 或 1/4 砖长，柱心无通缝。

② 砖柱不应采用先砌四周后填心的包心砌法（图 4.3）。

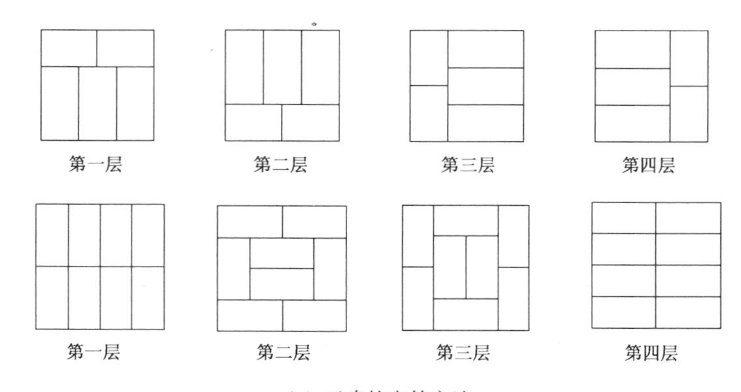

(a) 正确的砌筑方法

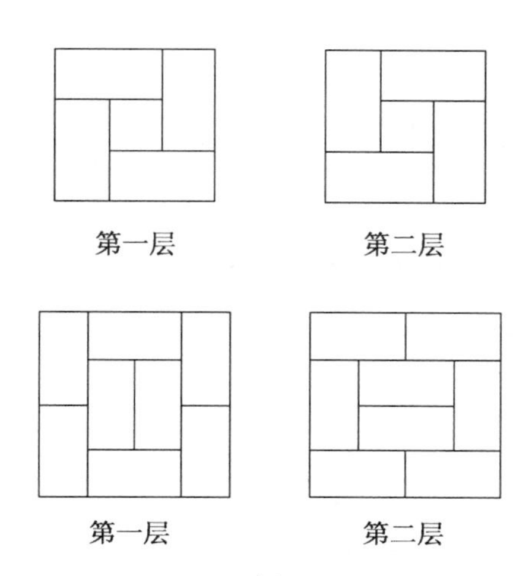

(b) 不正确的包心砌法

图 4.3　砖柱的砌筑示意

③ 砖柱和砖垛与墙身应逐皮搭接，严禁分离砌筑，搭接长度不应少于 1/4 砖长。

④ 山墙处的壁柱宜砌至山墙顶部。

(3) 多孔砖墙组砌(图 4.4)

规格 190 mm × 190 mm × 90 mm 的承重多孔砖一般是整砖顺砌，上下皮竖缝相互错开 1/2 砖长(100 mm)，如有半砖规格的，也可采用每皮中整砖与半砖相隔的梅花丁砌筑形式。

规格 240 mm × 115 mm × 90 mm 的承重多孔砖一般采用一顺一丁或梅花丁砌筑形式。

规格 240 mm × 180 mm × 115 mm 的承重多孔砖一般采用全顺或全丁砌筑形式。

① 多孔砖的孔洞应竖向放置；半盲孔多孔砖的封底面应朝上砌筑。

② P 型多孔砖应采用一顺一丁或梅花丁砌筑；M 型多孔砖应

采用全顺砌筑。

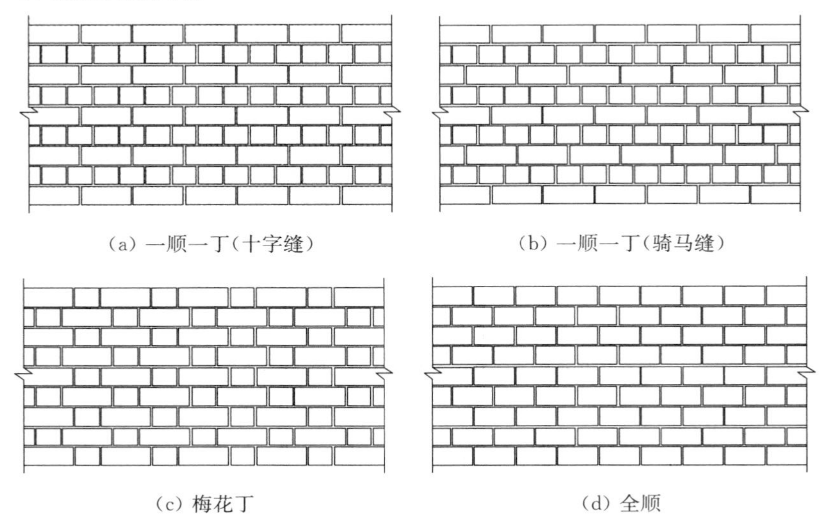

(a) 一顺一丁(十字缝)　(b) 一顺一丁(骑马缝)

(c) 梅花丁　(d) 全顺

图 4.4　多孔砖砌筑示意

多孔砖墙的转角及丁字交接处,应加砌半砖,使灰缝错开。转角处半砖在外角上,丁字交接处半砖砌在横墙端头。

2) *砖砌体的砌筑方法*

目前,工地上应用的砌筑方法有"三一"砌筑法、挤浆法、满口灰法。其中,"三一"砌筑法和挤浆法最为常用。

(1) "三一"砌筑法

即一块砖、一铲灰、一挤揉并随手将挤出的砂浆刮去的砌筑方法。这种方法的优点是:灰缝容易饱满,黏结力好,保证质量,墙面整洁。

(2) 挤浆法

用灰勺、大铲或铺灰器在墙顶面上铺一段砂浆,然后双手拿砖或单手拿砖,用砖挤入砂浆中一定厚度之后把砖放平,达到下齐边上齐线,挤砌一段后,用稀浆灌缝。这种砌筑方法的优点是:可以连续挤砌几块砖,减少繁琐的动作,平堆平挤可使灰缝饱满,效率高,保证砌筑质量。

(3) 满口灰法

用瓦刀将砂浆刮满在砖面或砖棱上,随即砌上。这是一种常见的砌筑方法,特别是在砌空斗墙时都采用此种方法。这种方法砌筑质量好,但是效率很低,仅适用于砌筑砖墙的特殊部位(如暖墙、烟囱等)。

4.2.3　各类砖砌体施工

1) *砖基础的砌筑*

(1) 基础弹线

垫层施工完毕后,即可进行基础的弹线工作。弹线之前应先将表面清扫干净,并进行一次抄平,检查垫层顶面是否与设计标高相符。如符合要求,即可按下列步骤进行弹线:

① 在基槽四角各相对龙门板(也可是轴线控制桩)的轴线钉处拉线。

② 沿线绳挂线锤,找出线锤在垫层上的投影点(数量根据需要而定)。

③ 用墨斗弹出这些投影点的连线,即外墙基中心轴线。

④ 根据基础平面尺寸,用钢尺量出各内墙基中心轴线的位置,用墨斗弹出,即内墙基中心线。

⑤ 根据基础剖面图,量出基础大放脚的外边沿线,并用墨斗弹出。

⑥ 按图纸和设计的要求进行复核,核查无误后即可进行砖基础的砌筑。允许偏差见表 4.20。

表 4.20　放线尺寸的容许偏差

长度 L、宽度 B 的尺寸(m)	容许偏差(mm)
$L(B)\leqslant 30$	±5

续　表

长度 L、宽度 B 的尺寸(m)	容许偏差(mm)
$30<L(B)\leqslant 60$	±10
$60<L(B)\leqslant 90$	±15
$L(B)>90$	±20

(2) 基础砌筑

砖基础由垫层、大放脚和基础墙身三部分组成，见图 4.5。一般使用土质较好、地下水位较低(在基础底面以下)的地基上。

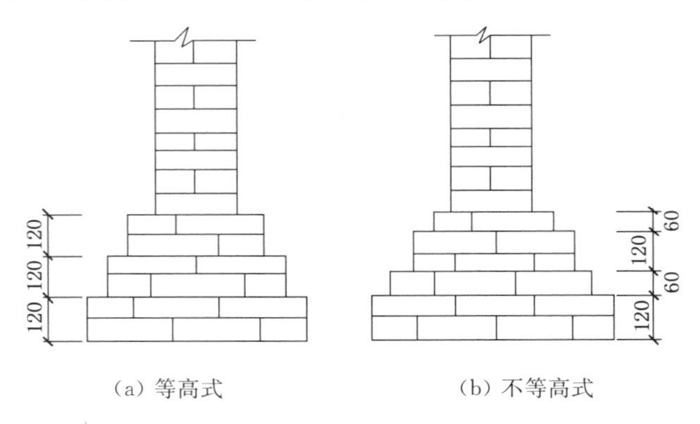

图 4.5　基础大放脚形式

施工时现在垫层上找出墙的轴线和基础大放脚的外边线，然后在转角处、丁字交接处、十字交接处及高低踏步处立基础皮数杆(皮数杆上画出砖的皮数、大放脚退台情况及防潮层位置等)。基础皮数杆应立在规定的标高处，立基础皮数杆时要利用水准仪进行抄平。

砌筑前，应先用干砖试摆，以确定排砖方法和错缝的位置。砖砌体的水平灰缝厚度和竖向灰缝宽度一般控制在 8～12 mm。

砌筑时，砖基础的砌筑高度用皮数杆来控制的。如发现垫层表面水平标高有高低偏差，可用砂浆或 C10 细石混凝土找平后再开始砌筑。如偏差不大，也可在砌筑过程中逐步调整。砌大放脚时，先砌好转角端头，然后以两端为标准拉好线绳进行砌筑。砌筑不同深度的基础时，应先砌筑深处，后砌浅处，在基础高低处要砌成踏步式。踏步长度不小于 1 m，高度不大于 0.5 m。基础中若有洞口、管道等，砌筑时应及时正确地按设计要求留出或预埋，并留出一定的沉降空间。砌完砖基础后应立即进行回填，回填土要在基础两侧同时进行，并分层夯实。

(3) 砖基础防潮层

基础防潮层应在基础墙全部砌到设计标高后才能施工，最好能在室内回填土完成后进行。如果基础墙顶部有钢筋混凝土圈梁，则可代替防潮层；如果没有地圈梁，则必须做防潮层。若设计无规定，基础的防潮层宜采用 1∶2.5 的水泥砂浆内掺 5%的防水剂铺设，厚度不宜小于 20 mm，水平防潮层宜设置在室内地面以下 60 mm 标高处。防潮层抹防水砂浆前，应将基础墙面清扫干净并浇水湿润。

2) 砖墙的砌筑

在基础完成后，即可进行砖墙的砌筑。

砖砌体砌筑时砖和砂浆的强度等级必须符合设计要求。

(1) 砌体上下层砖之间应错缝搭砌。搭砌长度为 1/4 砖长。为保证砌体的结构整体性，组砌时第一层和砌体顶部的一层砖为丁砌。

(2) 砌体转角和内外墙应相互搭砌咬合，以保证有较好的结构整体性。

(3) 砌体的结构性能与灰缝有直接的关系，因此要求砌体的灰缝大小应均匀，一般为 10 mm，不大于 12 mm，不小于 8 mm，其水平灰缝的砂浆饱满度应≥80%，用百格网随进度抽查评定。竖向灰缝的砂浆饱满度应≥90%，竖向灰缝宜采用加浆填灌的方法，严禁用水冲浆灌缝；竖向灰缝不应出现透明缝、瞎缝和假缝。为控制水平灰缝厚度的均匀度，通常以砌筑 10 皮砖的累计高度值作为指标进行检查，一般定为 63～64 cm。

(4) 砌体的设计尺寸应符合组砌模数。当建筑尺寸不符合组砌模数时，可在施工中进行调整，调整的范围应在 10～20 mm 之间。否则应由设计人员解决，调整的部位通常发生在门窗洞口和门垛等处。

(5) 砖砌体的转角处和内外墙交接处宜同时砌筑。砖墙的丁字交接处，横墙的端头隔皮应加砌 3/4 砖，纵墙应隔皮砌通；当采用一顺一丁砌筑形式时，3/4 砖丁面方向应依次砌丁砖(图 4.6)。砖墙的十字交接处，应隔皮纵横墙砌通，交接处内角的竖缝应上、下相互错开 1/4 砖长(图 4.7)。

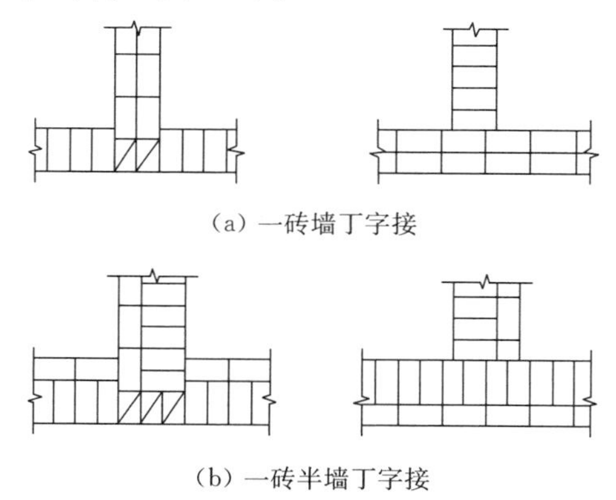

(a) 一砖墙丁字接

(b) 一砖半墙丁字接

图 4.6 砖墙丁字交接处砌法示意

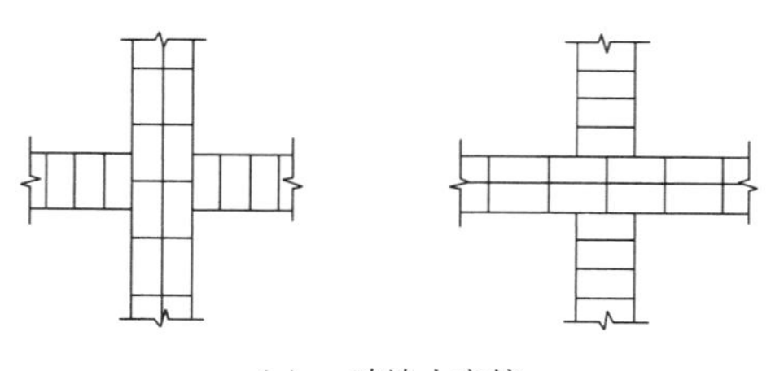

(a) 一砖墙十字接

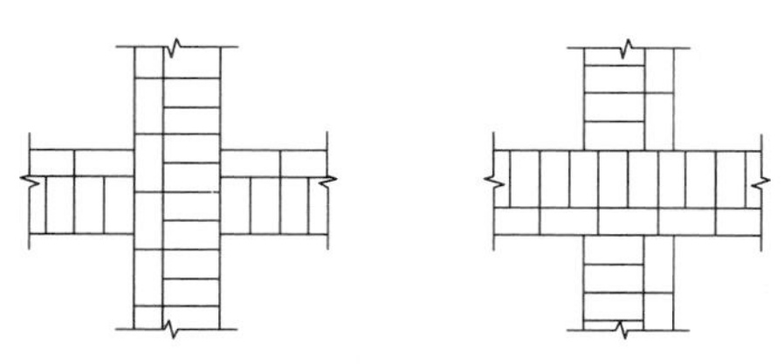

(b) 一砖半墙十字接

图 4.7　砖墙十字交接处砌法示意

(6) 当砖砌体的转角处和内外墙交接处不能同时砌筑，临时间断处的施工应符合下列规定：

① 应砌成斜槎，且斜槎水平投影长度不应小于高度的 2/3；

② 对于抗震设防烈度 6 度、7 度地区的砌体结构，当不能留斜槎时，除转角处外，可留直槎，但直槎应做成凸槎。留直槎处应加设拉结筋，120 mm、240 mm 厚墙应放置 2ϕ6 拉结钢筋，以后每增加 120 mm 墙厚增加 1ϕ6 拉结钢筋。拉结钢筋间距沿墙高不应超过 500 mm；埋入长度从留槎处算起每边均不应小于 500 mm，对抗震设防烈度 6 度、7 度的地区，不应小于 1 000 mm，拉结钢筋的末端应有 90°弯钩(图 4.8)；

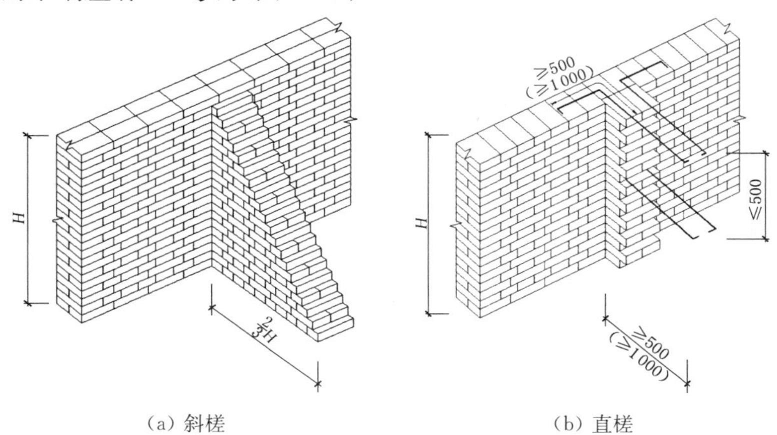

(a) 斜槎　　(b) 直槎

图 4.8　砖砌体的转角处和交接处留槎

③ 临时间断处补砌时，应将接槎处表面清理干净，洒水润湿，并填实砂浆，保持灰缝平直。

(7) 构造柱处墙体的施工应符合下列要求：

① 设置构造柱的墙体应先砌墙，后浇混凝土。

② 砖墙体与钢筋混凝土构造柱连接处应砌成马牙槎，从每个楼层表面开始，马牙槎应先退后进，马牙槎退进应不小于 60 mm，每一马牙槎沿高度方向的尺寸不宜超过 300 mm；砌体墙与构造柱之间应沿墙高设置间距不大于 500 mm 的 2ϕ6 水平拉结钢筋拉结，每边伸入墙内不应少于 1 000 mm 或伸至窗洞边(图 4.9)。

③ 砌块墙与钢筋混凝土构造柱连接处砌成马牙槎，从每个楼层表面开始，马牙槎应先退后进，马牙槎退进应不小于 100 mm，每一马牙槎沿高度方向的尺寸不宜超过 200 mm；砌块墙与构造柱之间应沿墙高设置间距不大于 600 mm 的 2ϕ6 水平拉结钢筋或 ϕ4 钢筋网片拉结，每边伸入墙内不应少于 1 000 mm。

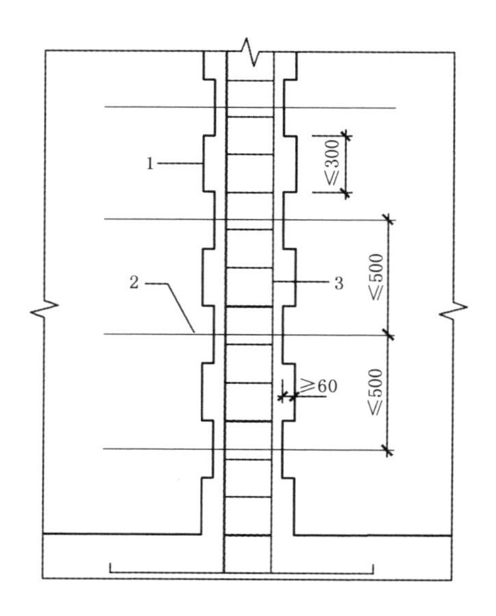

图 4.9　砌体墙的马牙槎构造示意

1—马牙槎；2—墙与构造柱的拉结钢筋；3—构造柱的钢筋

3) 过梁砌筑

砖砌平过梁或拱形过梁的跨度不应大于 1.0 m，其施工应符合下列规定：

(1) 砖砌过梁用砂浆

的强度等级不应低于 M5。

(2) 砖砌过梁用竖砖砌筑部分的高度不应小于 240 mm。

(3) 砖砌过梁的灰缝应砌成楔形缝;灰缝应密实饱满,上口灰缝厚度不应大于 15 mm,下口灰缝厚度不应小于 5 mm。

(4) 砖砌过梁拱脚下面应伸入墙内不小于 20 mm;过梁净跨范围内的砖块排列数应为奇数,并应相对过梁中心线对称;砌筑时,宜从两端起砌至过梁中间合拢,正中一块砖应挤紧。

(5) 砖砌平拱过梁底部应有 1%起拱,可采用在过梁底模板上铺湿砂的方法起拱(图 4.10)。

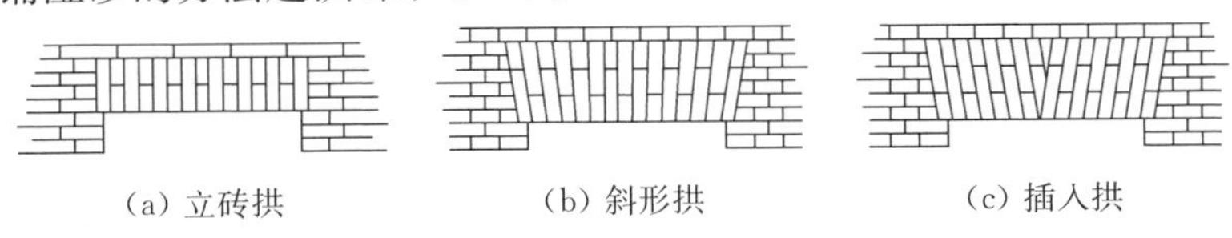

图 4.10　砖砌平拱过梁形式

4) 挑檐砌筑

砌筑挑檐时,应符合下列规定:

(1) 挑檐应选用边角整齐、颜色均匀、规格一致的整砖砌筑。

(2) 每一层挑出宽度不应大于 60 mm,总的挑出宽度不宜大于墙厚。

(3) 挑层下面的一皮砖应为丁砌。

(4) 砌筑挑檐时,应先砌挑檐的两头,并应在靠挑檐外边每一挑层底线处拉线,根据拉线砌筑中间部分;宜采用由外往里的挤浆法砌筑;当挑檐宽度较大时,应分多次完成砌筑。

4.2.4　砖砌体质量控制与检验

1) 一般规定

(1) 用于清水墙、柱表面的砖,应边角整齐,色泽均匀。

(2) 有冻胀环境和条件的地区,地面以下或防潮层以下的砌体，不宜采用多孔砖。多孔砖在冻胀作用下，对耐久性影响很大。

(3) 砌筑砖砌体时，砖应提前1～2天浇水湿润。砖的湿润程度对砌体施工质量的影响较大，应使砖保持一个适宜的含水率。

(4) 砖砌工程当采用铺浆法砌筑时，铺浆长度不得超过750 mm；施工期间气温超过30℃时，铺浆长度不得超过500 mm。铺浆后应立即砌砖。

(5) 240 mm厚承重墙的每层墙的最上一皮砖，砖砌体的阶台水平面上及挑出层，应整砖丁砌，以利于保证砌体的完整性、整体性和受力合理性。

(6) 砖过梁底部的模板，应在灰缝砂浆强度不低于设计强度的50%时，方可拆除。

(7) 多孔砖的孔洞应垂直于受压面砌筑，使砌体有较大的受压面积，并有利于砂浆结合层进入上下砖块的孔洞中产生“消键”作用，提高砌体的抗剪强度和砌体的整体性。

(8) 施工时施砌的蒸压(养)砖的产品龄期不应小于28 d。

(9) 竖向灰缝不得出现透明缝、瞎缝和假缝。竖向灰缝很不饱满，甚至无砂浆时，砌体的抗剪强度会降低很多。

(10) 砖砌体施工时临时间断处补砌时，必须将接槎处表面清理干净，浇水湿润，并填实砂浆，保持灰缝平直。

2) 主控项目

(1) 砖和砂浆的强度等级必须符合设计要求。

抽检数量：每一生产厂家的砖到现场后，按烧结砖15万块、多孔砖5万块、灰砂砖及粉煤灰砖10万块各为一验收批，工程量较小时，至少每一房屋设一验收批，抽检数量为1组。

抽检方法：查砖和砂浆试块试验报告。

(2) 灰缝砂浆应密实饱满，砖墙水平灰缝的砂浆饱满度不应低于80%；砖柱水平灰缝和竖向灰缝饱满度不应低于90%。

抽检数量：每检验批抽查不少于 5 处。

检验方法：用百格网检查砖底面与砂浆的黏结痕迹面积。每处检测 3 块砖，取其平均值。

(3) 砖砌体的转角处和交接处应同时砌筑，严禁无可靠措施的内外墙分砌施工。对不能同时砌筑而又必须留置的临时间断处应砌成斜槎，斜槎水平投影长度不应小于高度的 2/3。

抽检数量：每检验批抽 20%接槎，且不应少于 5 处。

抽检方法：观察检查。

(4) 非抗震设防及抗震设防烈度为 6 度、7 度地区的临时间断处，当不能留有斜槎时，除转角外，可留直槎，但直槎必须做成凸槎。留直槎处应加设拉结钢筋，拉结钢筋的数量为每 120 mm 墙厚放置 1ϕ6 (120 mm 墙厚放置 2ϕ6)，间距沿墙高不大于500 mm；埋入长度从留槎处算起每边均不应小于 500 mm，对抗震设防烈度为 6 度、7 度的地区，不应小于 1 000 mm；末端有 90°弯钩(图 4.8)。

抽检数量：每检验批抽 20%接槎，且不应少于 5 处。

检验方法：观察和尺量检查。

合格标准：留槎正确，拉结钢筋设置数量、直径正确，竖向间距偏差不超过 100 mm，留置长度基本符合规定。

(5) 砖砌体的位置及垂直度允许偏差应符合表 4.21。

表 4.21　砖砌体的位置及垂直度容许偏差

<table>
<tr><th>项次</th><th colspan="3">项　目</th><th>允许偏差(mm)</th><th>检验方法</th></tr>
<tr><td>1</td><td colspan="3">轴线位移偏移</td><td>10</td><td>用经纬仪和尺检查或其他测量仪器检查</td></tr>
<tr><td rowspan="3">2</td><td rowspan="3">垂直度</td><td colspan="2">每　层</td><td>5</td><td>用 2 m 托线板检查</td></tr>
<tr><td rowspan="2">全高</td><td>≤10 m</td><td>10</td><td rowspan="2">用经纬仪、吊线和尺检查，或用其他测量仪器检查</td></tr>
<tr><td>>10 m</td><td>20</td></tr>
</table>

抽检数量:轴线查全部承重墙柱;外墙垂直度全高查阳角,不应少于 4 处,每层每 20 m 查一处;内墙按有代表性的自然间抽 10%,但不应少于 3 间,每间不应少于 2 处,柱不少于 5 根。

3)一般项目

(1)砖砌体组砌方法应正确,上、下错缝,内外搭砌,砖柱不得采用包心砌法。上下两皮砖搭接长度小于 25 mm 的部位为"通缝"。

抽查数量:外墙每 20 m 抽查一处,每处 3~5 m,且不应少于 3 处;内墙按有代表性的自然间抽 10%,且不应少于 3 处。

检验方法:观察检查。

合格标准:除符合本条要求外,清水墙、窗间墙无通缝;混水墙中长度≥300 mm 的通缝每间不超过 3 处,且不得位于同一面墙体上。

(2)砖砌体的灰缝应横平竖直,厚薄均匀。水平灰缝厚度宜为 10 mm,但不应小于 8 mm,也不应大于 12 mm。

抽检数量:每步脚手架施工的砌体,每 20 m 抽查 1 处。

检验方法:用尺量 10 皮砖砌体高度折算。

(3)砖砌体的一般尺寸允许偏差应符合表 4.22 的规定。

表 4.22 砖砌体的一般尺寸允许偏差

项次	项目		允许偏差(mm)	检验方法	抽查数量
1	基础顶面和楼面标高		±15	用水平仪和尺检查	不应少于 5 处
2	表面平整度	清水墙、柱	5	用 2 m 靠尺和楔形塞尺检查	有代表性自然间 10%,但不应少于 3 间,每间不应少于 2 处
		混水墙、柱	8		
3	门窗洞口高、宽(后塞口)		±5	用尺检查	检验批洞口的 10%,且不应少于 5 处

续　表

项次	项　目		允许偏差(mm)	检验方法	抽查数量
4	外墙上下窗口偏移		20	以底层窗口为准,用经纬仪或吊线检查	检验批洞口的10%,且不应少于5处
5	水平灰缝直度	清水墙	7	拉10 m线和尺检查	有代表性自然间10%,但不应少于3间,每间不应少于2处
		混水墙	10		
6	清水墙游丁走缝		20	吊线和尺检查,以每层第一皮砖为准	有代表性自然间10%,但不应少于3间,每间不应少于2处

4.3　混凝土小型空心砌块砌体工程

4.3.1　砌块

普通混凝土小型空心砌块是以水泥为胶结料,天然砂石为集料,经搅拌、振动或压制成型、养护等制成。空心率不小于25%。砌体规范中的混凝土小型空心砌块的空心率在25%～50%,简称混凝土砌块。

表4.23为普通混凝土小型空心砌块的允许尺寸偏差;表4.24为普通混凝土小型空心砌块的外观质量。

表4.23　普通混凝土小型空心砌块的允许偏差

项目名称	优等品(A)	一等品(B)	合格品(C)
长　度	±2	±3	±3

续 表

项目名称	优等品(A)	一等品(B)	合格品(C)
宽　度	±2	±3	±3
高　度	±2	±3	±4

表 4.24　普通混凝土小型空心砌块的外观质量

项目名称			优等品(A)	一等品(B)	合格品(C)
弯曲(mm)		不大于	2	2	3
掉角缺棱	个数	不多于	0	2	2
掉角缺棱	三个投影方向尺寸的最小值(mm)	不大于	0	20	30
裂纹延伸的投影尺寸累计(mm)		不大于	0	20	30

普通混凝土小型空心砌块根据尺寸偏差和外观质量分为优等品(A)、一等品(B)、合格品(C)。

普通混凝土小型空心砌块应对其块材的相对含水率(上墙时)进行检测,保证其不超出允许限值,见表 4.25。

表 4.25　砌块相对含水率限值　(%)

块材线性干缩率	使用地区的年平均相对湿度		
	高湿地区	中湿地区	干燥地区
(%)	>75%	50%~75%	<50%
<0.03	45	40	35
0.03 ~ 0.045	40	35	30
0.045~0.065	35	30	25

砌块防水尤为重要，块材生产下线后应即进行包装,既能达

到保水养护，又能防止雨水侵入，以免吸水过量，在随后水分挥发过程中，导致砌块收缩裂缝。如果工厂未能进行包装，则在运送堆放过程中应有效防雨遮盖，严防雨水侵入。

轻集料混凝土小型空心砌块是以水泥为胶结材料，以天然的火山渣、浮石为轻集料；或以人造的陶粒为轻集料；或以工业废料煤渣、煤矸石为轻集料，经搅拌、振动或压制成型、养护等工艺制成。

轻集料混凝土小型空心砌块的主规格尺寸（长×宽×高，mm）：390×190×190。

轻集料混凝土小型空心砌块的允许尺寸与外观质量另见相关规定。

轻集料混凝土小型空心砌块根据尺寸偏差和外观质量分为一等品（B）、合格品（C）。

轻集料混凝土小型空心砌块多用于非承重结构，例如填充墙、隔墙。

4.3.2　混凝土小型空心砌块施工

“反砌、对孔、错缝”是小砌块砌筑的基本要求。反砌易于铺浆和保证水平灰缝砂浆的饱满度；对孔可使小砌块的壁、肋较好地传递竖向荷载，保证砌体的强度；错缝可以增加砌体的整体性。

（1）砌筑时，应以主规格 390 mm×190 mm×190 mm 小型空心砌块为主辅以配套砌块，而且每块小砌块包括多排孔小砌块均应面朝上（反砌）砌筑。

（2）小砌块砌筑时应逐块砌筑，随铺随砌，砌体灰缝应横平竖直。水平灰缝须用坐浆法满铺小砌块全部壁肋或多排孔小砌块的封底面；水平灰缝铺布砂浆的长度不大于 800 mm，并应随铺随砌，以防砂浆损失塑性。竖向灰缝应将已就位小砌块端面铺布砂浆,并在即就位小砌块端面铺布砂浆，即上墙挤紧。水平灰缝的砂浆饱满度不应低于 90%;竖向灰缝的砂浆在两侧竖向边肋饱满度不低于 95%;水平灰缝厚度和竖向灰缝宽度宜为 10 mm,但不应小于 8 mm,也不应大于 12 mm;不应出现透明缝、瞎缝和假缝。

(3) 砌筑一定面积时,墙面做随砌随勾缝处理,缺灰处应补浆压平、压实,可作凹缝,凹进墙面 2 mm,也可采用平缝。

(4) 小砌块墙体孔洞中需充填隔热或隔声材料时,应砌一皮灌填一皮;要求填满,不予捣实。所填材料必须干燥、洁净、不含杂物,粒径应符合设计要求。

(5) 小砌块的砌筑形式是每皮顺砌,上下皮小砌块应对孔砌筑。

(6) 竖缝错开 1/2 小砌块长,个别情况无法对孔砌筑时,错缝长度不应小于 90 mm。对不能保证错缝长度达到 90 mm 时,应在水平灰缝中设置 $\phi4$ 的钢筋网片,其各端超出垂直灰缝的长度不小于 300 mm,多排孔不得小于 400 mm。

(7) 结构的内外墙应同时砌筑,小砌块墙体的交接处砌筑宜采用纵、横墙砌块隔皮搭砌的方法同时砌筑(图 4.11)。

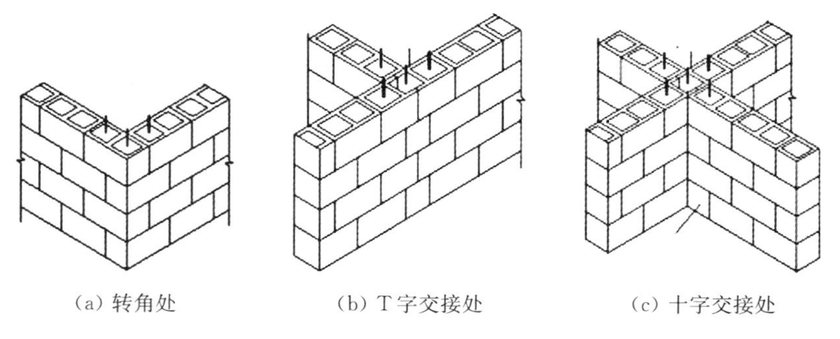

(a) 转角处　　(b) T 字交接处　　(c) 十字交接处

图 4.11　小砌块墙体的转角和交接处砌筑示意

如出现内外墙不能同时砌筑的情况，砌筑临时间断处则应留置斜槎，斜槎长度不小于斜槎高度的 2/3，严禁留直槎。

如留斜槎确有困难时，不得不留直槎时则必须采取加强连接措施。例如，在非抗震区，除外墙转角处外，可以在砌筑临时间断处，从墙面伸出 200 mm 砌成直槎，要求每隔三皮砌块高在水平灰缝设置拉结钢筋网片（或 2ϕ6 拉结筋）。

（8）非承重隔墙不与承重墙（柱）同时砌筑时，应在连接处承重墙（柱）的水平灰缝中预埋不少于 2ϕ4、横筋间距不大于200 mm 的焊接钢筋网片（或拉结筋），沿墙高间距不得大于 400 mm，埋入墙内与伸出墙外的每边分别不小于 400 mm 与 600 mm，如图4.12 所示。

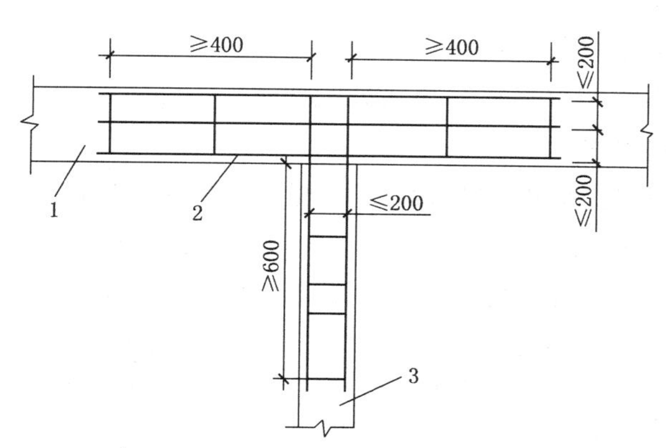

图 4.12 砌块墙与后砌隔墙交接处钢筋网片

1—砌块墙；2—钢筋网片；3—后砌墙体

（9）在混凝土小型砌块的墙上设置混凝土芯柱，宜采用不低于 C20 的细石混凝土浇筑。在楼、地面有芯柱处的第一皮小砌块应采用开口砌块或 U 形砌块，便于在浇筑混凝土前对孔洞内杂物进行清理。浇筑的混凝土内宜掺入增加流动性的外加剂。在砌筑砂浆强度达到 1.0 MPa 以上时可浇筑芯柱混凝土，浇筑前先注入

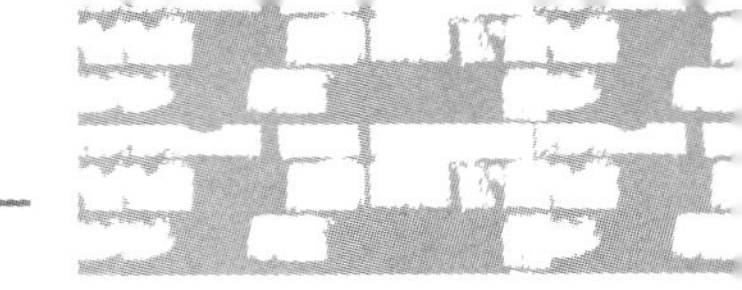

50 mm 厚水泥砂浆(混凝土中去石),每 400～500 mm 高时用插入式小型振捣棒振实,振捣棒不能直接碰撞小砌块。

(10) 砌筑高度限制

① 相邻施工段的砌筑高度差不超过一个楼层高度,也不宜大于 4 m。

② 正常施工条件下,小砌块每日砌筑高度不宜超过 1.4 m 或一步脚手架高,最大不超过 1.8 m。

③ 在尚未施工楼板或屋面的墙柱,当可能遇到大风时,其允许自由高度不得超过相关规定。

(11) 小砌块墙体的芯柱留设应符合设计要求。芯柱在楼盖处应贯通。当设计无具体要求时,应在下列部位沿墙全高将孔洞用混凝土灌实作为芯柱:

① 转角处和纵横墙交接处距墙体中心线不小于 300 mm 宽度范围内墙体;

② 屋架、大梁的支承处墙体,灌实宽度不应小于 500 mm;

③ 壁柱或洞口两侧不小于 300 mm 宽度范围内。

(12) 砌块在砌筑过程中,如遇下雨,应及时用塑料薄膜进行遮盖,或采取其他防雨措施。对于现浇混凝土圈梁、芯柱、构造柱、楼板等应采取塑料薄膜遮盖保水养护,防止喷水养护,导致砌块墙体过多吸水。

4.3.3 质量控制与检验

1) 一般规定

(1) 施工时所用的小砌块的产品龄期不应小于 28 d。以减少砌块自身收缩量,使强度趋于稳定。

(2) 砌筑小型砌块时,应清除表面污物和小砌块孔洞底部的毛边,剔除外观质量不合格的小块。

(3) 施工时所用的砂浆，宜选用专用的小砌块砂浆。也可使用黏稠度和保水性好的混合砂浆。专用砂浆是指符合国家现行标准《混凝土小型空心砌块砌筑砂浆》(JC 860—2000)的砌筑砂浆，该砂浆可提高小砌块与砂浆的黏结力，且便于施工。

(4) 底层室内地面以下或防潮层以下的砌体，应采用强度等级不低于C20的混凝土灌实小砌块的孔洞。

(5) 小砌块砌筑时，在天气干燥炎热的情况下，可提前少量洒水湿润小砌块；对轻骨料混凝土小砌块，可提前少量浇水湿润。小砌块表面有浮水时，不得施工。

(6) 承重墙体严禁使用断裂小砌块。

(7) 小砌块墙体应对孔错缝搭接，搭接长度不应小于90 mm。墙体的个别部位不能满足上述要求时，应在灰缝中设置拉结钢筋或钢筋网片，但竖向通缝仍不得超过两皮小砌块。

(8) 小砌块应底面朝上反砌于墙上。砌块砌筑于墙体应在砂浆处于塑性时迅速校准其位置，否则，要移动砌块或砌块被撞动时，应铺砌新鲜砂浆重新砌筑。

(9) 浇灌芯柱的混凝土，宜选用专用的小砌块灌孔混凝土(即高流动度低收缩性的混凝土，其水灰比不大于0.4)。当采用普通混凝土时，其塌落度不应小于90 mm。并用小振动棒振捣。

(10) 浇灌芯柱混凝土时，应遵守下列规定：

① 清除孔洞内的砂浆等杂物，应用干法或风吸法清理，不得用水冲洗；

② 砌筑砂浆强度大于1 MPa时，方可浇灌芯柱混凝土；

③ 在浇灌芯柱混凝土前应先注入适量与芯柱混凝土相同等级的水泥浆，再浇灌混凝土。

2) 主控项目

镇(乡)应建立健全质量管理和监督机制，质量监督站应要求厂家每三个月对本条(1)、(3)中的项目进行检测，并向用户提供产品质量报告，标明各项指标的实测值，如有缺项用户有权要求厂家及时补充。

(1) 小砌块和砂浆的强度等级必须符合设计要求。

抽检数量：每一生产厂家，每1万块小砌块至少抽检1组。用于多层建筑基础和底层的小砌块抽检数量不应少于2组。砂浆试块的抽检数量执行《砌体工程施工质量验收规范》(GB 50203—2002)的有关规定。

抽检方法：查小砌块和砂浆试块试验报告。

(2) 砌体水平灰缝的砂浆饱满度，应按净面积计算不低于90%；竖向灰缝饱满度不得小于80%，竖向凹槽部位应用砂浆砌筑填实；不得出现瞎缝、透明缝。但采用第二代块型可仅在两侧竖向边肋上铺布砂浆（饱满度达95%），其竖向凹槽部位不得用砂浆砌筑填实。

抽检数量：每检验批不应少于3处。

检验方法：用专用百格网检测小砌块与砂浆黏结痕迹，每处检测3块小砌块，取其平均值。

(3) 对砌块块材干缩率、吸水率和相对含水率(上墙时)进行检测。

抽检数量：每检验批不应少于一组。

检验方法：GB/T 4111 标准

(4) 墙体转角处和纵横墙交接处应同时砌筑。临时间断处应砌成斜槎，斜槎水平投影长度不应小于高度2/3。

抽检数量：每检验批抽20%接槎，且不应少于5处。

抽检方法：观察检查。

(5) 砌体的轴线偏移和垂直度允许偏差应符合表4.21规定，检查数量符合相应的规定。

3）一般项目

（1）墙体水平灰缝厚度和竖向宽度宜为10 mm，通长为8～12 mm。

抽检数量：每层楼的检测点不应少于3处。

抽检方法：用尺量5皮小砌块的高度和2 m砌体长度折算。

（2）小砌块墙体的一般尺寸允许偏差应符合表4.21的规定。

4.4 配筋砌体工程

4.4.1 钢筋砖过梁与圈梁

1）配筋砖过梁

配筋砖过梁的跨度（洞口宽度）不应大于1.5 m，其施工应符合下列规定：

（1）配筋砖过梁底面砂浆层中的纵筋配筋量不应低于表3.7的要求，且钢筋直径不应小于6 mm，间距不宜大于100 mm，钢筋伸入支座砌体内的长度不宜小于240 mm；钢筋两端应弯成90°的弯钩，安放钢筋时弯钩应向上勾在竖缝中，过梁两端的第一块砖应紧贴钢筋弯钩。

（2）配筋砖过梁底面砂浆层的厚度不宜小于30 mm，砂浆层的强度等级不应低于M5。

（3）配筋砖过梁截面高度内的砌筑砂浆强度等级不宜低于M5。

（4）配筋砖过梁底部模板及其支架拆除时，灰缝砂浆的龄期不应少于7天。

2）配筋砖圈梁

钢筋混凝土或钢筋砖圈梁在墙体中的作用，在于增强房屋的整体刚度，提高墙体的抗拉能力，减小或防止由于地基不均匀沉降或较大振动荷载对房屋产生的不利影响。

配筋砖圈梁的施工应符合下列规定：

(1) 非抗震设防和抗震设防烈度为6度、7度房屋的砌体，其砂浆强度不应低于M5；抗震设防烈度为8度、9度房屋的砌体，其砂浆强度不应低于M7.5。

(2) 配筋砖圈梁砂浆层的厚度不宜小于30 mm。

(3) 配筋砖圈梁的纵筋配置不应低于表3.6的要求。

(4) 配筋砖圈梁交接处和转角处的钢筋应搭接，搭接长度不宜小于钢筋直径的40倍(图3.4)。

4.4.2 构造柱和芯柱

1) 构造柱

村镇三层及以上房屋应按《建筑抗震设计规范》(50011—2010)设置构造柱(芯柱)，钢筋混凝土构造柱设置在砖砌体结构房屋墙体转角处、纵横墙交接处和其他相对薄弱部位。

在砖砌体结构中适当的部位和距离设置钢筋混凝土构造柱，并与各层楼盖处设置的钢筋混凝土圈梁连接在一起，大大加强了砌体结构的整体性，增加了结构的竖向承载力，同时又增加了结构抵抗水平作用的能力。

钢筋混凝土构造柱在砌体结构中设置的部位、材料的强度等级、数量、直径等必须严格按设计图纸的要求施工。

构造柱应注意下述几点：

(1) 构造柱的混凝土强度等级不宜低于C20。

(2) 构造柱的截面尺寸不宜小于240 mm×240 mm。

(3) 纵向受力钢筋可采用4ϕ12或4ϕ14，箍筋通常用ϕ6，箍筋间距可采用200 mm，加密区宜采用ϕ6@100。

（4）构造柱的纵向受力钢筋应在基础梁和楼层圈梁中锚固，其长度符合受拉钢筋锚固要求，钢筋搭接时末端要做成弯钩，弯钩 135°，其平直长度为 10d。搭接范围内为箍筋加密区。

（5）构造柱施工前，必须将砖砌体和模板湿润，将底部灰、渣和其他杂物清理干净。振捣时宜采用插入式振捣器，分层捣实，振捣棒随振随拔，避免直接碰触砖墙。保护层厚度宜为 20 mm。

2）芯柱

混凝土芯柱施工应符合下列要求：

（1）每层每根芯柱处第一皮砌块应采用开口小砌块留设清扫口。砌筑芯柱处的小砌块墙体时，应随砌随清除小砌块孔内的毛边，并将灰缝中挤出的砂浆刮净。

（2）芯柱的钢筋宜采用螺纹钢筋，并应从上向下穿入芯柱孔洞，通过清扫口与圈梁伸出的钢筋绑扎搭接，搭接长度不宜小于钢筋直径的 45 倍。

（3）浇灌芯柱混凝土时，墙体砌筑完成不宜少于 3 d。

（4）在浇筑混凝土前，应通过清扫口将芯柱内壁的杂物及散落的砂浆清除干净，但不得用水冲洗，并宜先浇入水泥浆结合层，水泥浆应与芯柱混凝土成分相同；

（5）芯柱混凝土宜采用坍落度 70～80 mm 的混凝土（或采用高流动度低收缩性的混凝土，其水灰比不大于 0.4）。浇灌芯柱混凝土应连续浇灌，应每浇灌 400～500 mm 高度即捣实一次，浇至离该芯柱最上一皮小砌块顶面 50 mm 为止，中间不应留施工缝。振捣时宜用微型插入式振捣棒或钢筋棒振捣。

芯柱尚应注意下述几点：

（1）芯柱截面不宜小于 120 mm×120 mm，芯柱的混凝土强度等级不应低于 C20（或 Cb20）。

（2）钢筋混凝土芯柱每隔孔内插竖筋不小于 1ϕ12，底层应与基础圈梁锚固，顶部应与屋盖圈梁锚固，锚固长度大于 500 mm。

(3) 芯柱应沿房屋全高贯通，并与各层圈梁浇筑成整体。

(4) 在钢筋混凝土芯柱处，应沿墙高设置间距不大于 600 mm 的 2ϕ6 钢筋或 ϕ4 钢筋网片拉结，每边伸入墙体不应小于1 000 mm (图 4.13)。

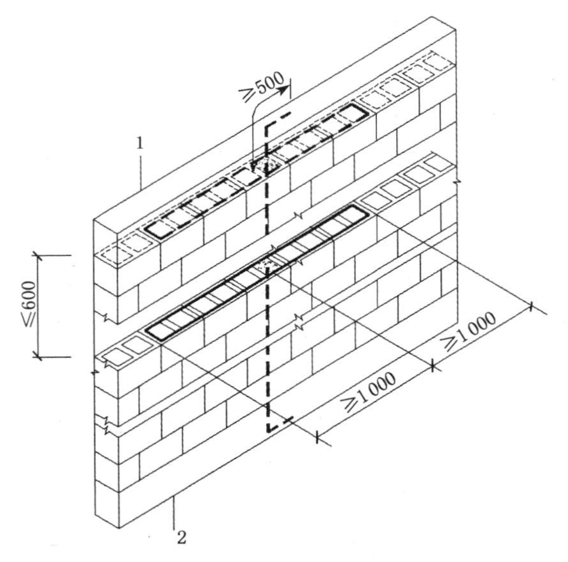

图 4.13　芯柱处钢筋网片设置示意

1—上层圈梁；2—下层圈梁

4.4.3　质量控制与检验

1) 一般规定

(1) 黏土砖砌体的构造柱浇灌混凝土前，必须将气体留槎部位和模板浇水湿润，将模板内的落地灰、砖渣和其他杂物清理干净，并在结合面处注入适 量与构造柱混凝土相同的水泥浆。振捣时，应避免触碰墙体，严禁通过墙体传震。

(2) 设置在砌体水平灰缝中的钢筋锚固长度不宜小于 $50d$，且其水平或垂直弯折段的长度不宜小于 $20d$ 和150 mm；钢筋的搭接长度不应小于 $55d$。

2）主控项目

(1) 钢筋的晶种、规格、数量和设置部位应符合设计要求。

检验方法：检查钢筋的合格证书、钢筋性能复试试验报告、隐蔽工程记录。

(2) 构造柱、芯柱、组合砌体构件的混凝土及砂浆的强度等级应符合设计要求。

抽检数量：每检验批砌体，试块不应少于 1 组，验收批砌体试块不得少于 3 组。

检验方法：检查混凝土和砂浆试块试验报告。

(3) 构造柱与墙体的连接应符合下列规定：

① 墙体应砌成马牙槎，马牙槎凹凸尺寸不宜小于 60 mm，高度不应超过 300 mm，马牙槎应先退后进，对称砌筑；马牙槎尺寸偏差每一构造柱不应超过 2 处；

② 预留拉结钢筋的规格、尺寸、数量及位置应正确，拉结钢筋应沿墙高每隔 500 mm 设 $2\phi6$，伸入墙内不宜小于600 mm，钢筋的竖向移位不应超过 100 mm，且竖向移位每一构造柱不得超过 2 处；

③ 施工中不得任意弯折拉结钢筋。

抽检数量：每检验批抽查不应少于 5 处。

检验方法：观察检查和尺量检查。

(4) 配筋砌体中受力钢筋的连接方式及锚固长度、搭接长度应符合设要求。

检查数量：每检验批抽查不应少于 5 处。

检验方法：观察检查。

3）一般项目

（1）构造柱一般尺寸允许偏差及检验方法应符合表 4.26 的规定。

表 4.26　构造柱一般尺寸允许偏差及检验方法

<table>
<tr><th>项次</th><th colspan="3">项　目</th><th>允许偏差(mm)</th><th>检验方法</th></tr>
<tr><td>1</td><td colspan="3">中心线位置</td><td>10</td><td>用经纬仪和尺检查或其他仪器检查</td></tr>
<tr><td>2</td><td colspan="3">层间错位</td><td>8</td><td>用经纬仪和尺检查或其他仪器检查</td></tr>
<tr><td rowspan="3">3</td><td rowspan="3">垂直度</td><td colspan="2">每层</td><td>10</td><td>用 2 m 托线板检查</td></tr>
<tr><td rowspan="2">全高</td><td>≤10 m</td><td>15</td><td rowspan="2">用经纬仪、吊线和尺检查或用其他测量仪器检查</td></tr>
<tr><td>>10 m</td><td>20</td></tr>
</table>

抽检数量：每检验批抽查不应少于 5 处。

（2）设置在砌体灰缝中钢筋的防腐保护应符合设计的规定，且钢筋防护层完好，不应有肉眼可见裂纹、剥落和擦痕等缺陷。

抽检数量：每检验批抽查不应少于 5 处。

检验方法：观察检查。

（3）钢筋安装位置的允许偏差及检验方法应符合表 4.27 的规定。

表 4.27　钢筋安装位置的允许偏差及检验方法

<table>
<tr><th colspan="2">项　目</th><th>允许偏差(mm)</th><th>检验方法</th></tr>
<tr><td rowspan="3">受力钢筋保护层厚度</td><td>网状配筋砌体</td><td>±10</td><td>检查钢筋网成品，钢筋网放置位置局部剔缝观察，或用探针刺入灰缝内检查，或用钢筋位置测定仪测定</td></tr>
<tr><td>组合砖砌体</td><td>±5</td><td>支模前观察与尺量检查</td></tr>
<tr><td>配筋小砌块砌体</td><td>±10</td><td>浇筑灌孔混凝土前观察与尺量检查</td></tr>
</table>

续　表

项　目	允许偏差(mm)	检验方法
配筋小砌块砌体墙凹槽中水平钢筋间距	±10	钢尺量连续三档,取最大值

抽检数量:每检验批抽查不应少于 5 处。

4.5 节能自保温砌块砌体工程

4.5.1 节能自保温砌块

混凝土自保温砌块是指:由粗细集料、胶结料、粉煤灰、外加剂、水等组成构成的混凝土拌和料,经过砌块成型机成型的、满足保温隔热性能要求的、不需要再做保温处理的多排孔砌块,或者由混凝土拌合料与高效保温材料复合(一次复合与二次复合)而成的、具有满足建筑物的力学性能和保温隔热性能要求的、与建筑物同寿命特点的砌块。混凝土自保温砌块可分为:轻集料混凝土自保温砌块、单一材料构成的多排孔混凝土小型空心砌块、在混凝土砌块空腔内填充保温材料的自保温砌块、新型混凝土复合保温砌块,其构造如图 4.14 所示,规格尺寸以及主要性能指标见表 4.28。

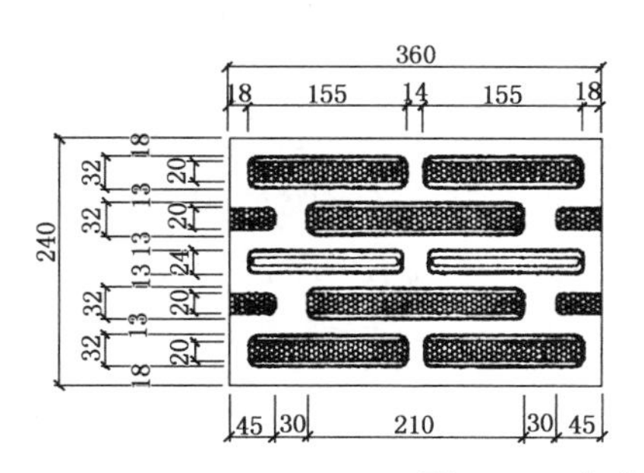

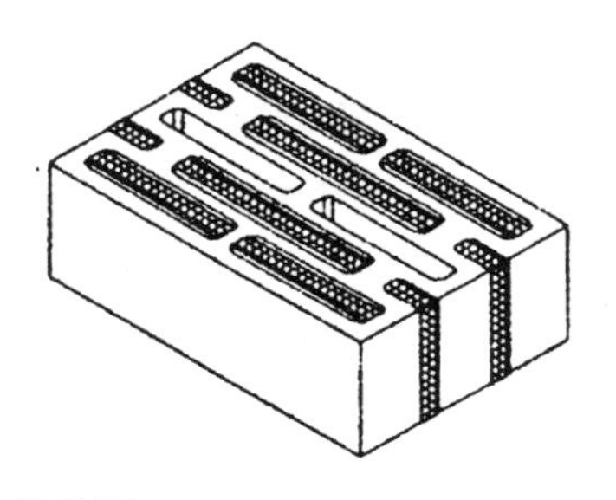

图 4.14　主砌块构造图

表 4.28　砌块规格尺寸以及主要性能指标

尺寸(mm)			干密度(kg/m³)	强度等级	干燥收缩率	单层保温层厚度(mm)	砌体热阻要求指标($m^2 \cdot K/W$)	热惰性指标
长度	宽度	高度						
360	240	115	≤1 200	MU7.5	≤0.045	20	1.34	2.85

4.5.2　新型混凝土复合保温砌块施工

在利用新型混凝土复合保温砌块进行墙体中构造柱和圈梁砌筑时，要涉及 7 种异性砌块。分别标号为 0 号、1 号、2 号、3 号、4 号、5 号以及 6 号，其构造形式及平面尺寸如图 4.15 所示，砌块的高度均为 115 mm。0 号砌块为主砌块，其他砌块主要用于构造柱和圈梁处。其中 1 号和 2 号、3 号和 4 号、5 号和 6 号砌块的外部构造及尺寸完全一样，只是由于砌块内部插入保温材料所形成的孔洞下端封闭而导致其内部构造存在差异。利用 1～6 号砌块做模板组砌混凝土圈梁、构造柱，用 60 mm 厚的保温砌块包于圈梁、构造柱的外侧，能有效解决现有自保温小型砌块砌体结构中混凝土圈梁、构造柱的热桥问题，同时可以减少圈梁、构造柱部位模板的使用数量，方便施工。

1）门窗洞口两侧设有构造柱时墙体砌筑方法

根据《砌体结构设计规范》(GB 50003—2011)的相关规定，砌体结构较大洞口的洞边应设置构造柱。门窗洞口两侧设有构造柱时，两侧墙体分别采用 1 号、2 号、3 号和 4 号砌块砌筑，形成两个 180 mm×170 mm 大小 L 形的空间，如图 4.16 所示(0、1、2、3、4 为砌块编号，7 为构造柱)。施工时，只需在两侧各另设两块模板，便能完成构造柱的浇注。

2）平墙、丁形墙构造柱处墙体砌筑方法

根据《砌体结构设计规范》(GB 50003—2011)的相关规定，砌体结构房屋应在纵横墙交接处、墙端部设置构造柱。平墙、丁形墙

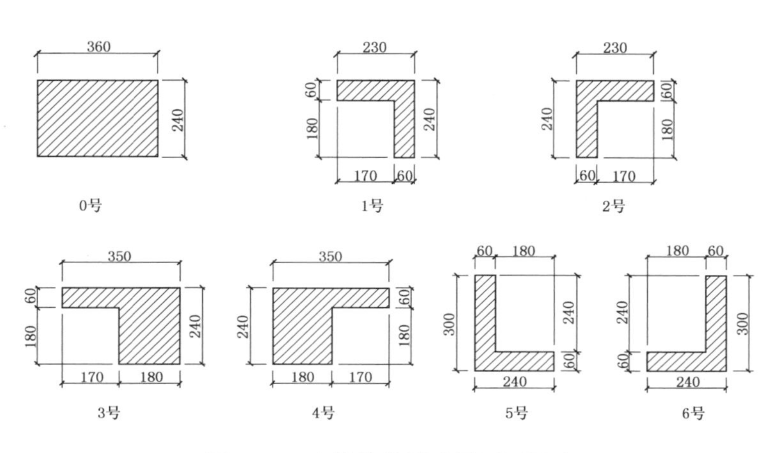

图 4.15　砌块构造形式及平面尺寸

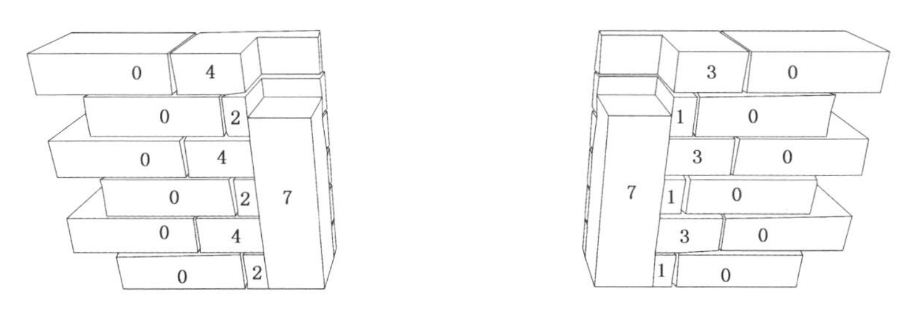

图 4.16　门窗洞口两侧设有构造柱时墙体砌筑方法

构造柱处的墙体采用 0 号、3 号和 4 号砌块砌筑。将 0 号砌块分别与 3 号、4 号砌块组合成两个 180 mm×180 mm 大小的单侧开口矩形空间,再将两组砌块交错砌筑,形成图 4.5-4 所示结构(0、3、4 为砌块编号,7 为构造柱)。平墙施工时,只需在墙体内侧设置一块模板,便能完成构造柱的浇注。丁形墙施工时,在图 4.17 结构的基础上,另一面墙体与构造柱连接处用 0 号砌块错缝砌筑,如图 4.18 所示,施工时,只需在其两侧各设置一块模板,便能浇注构造柱。

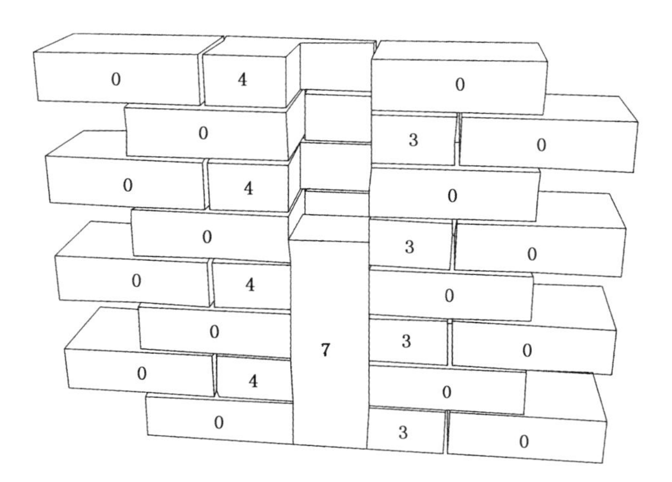

图 4.17　平墙构造柱处墙体砌筑方法

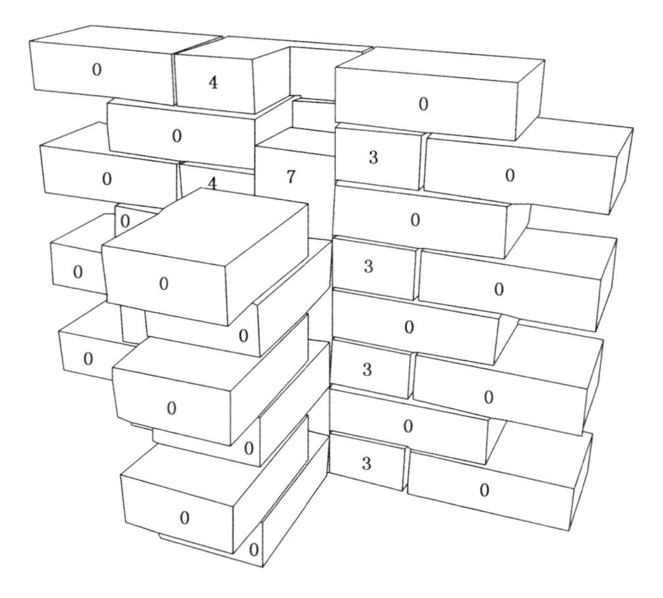

图 4.18　丁形墙构造柱处墙体砌筑方法

3）拐角设有构造柱处墙体砌筑方法

拐角构造柱处墙体采用 3 号、4 号、5 号和 6 号砌块砌筑，其中 3 号和 5 号为一组，4 号和 6 号为一组，分别形成两个 180 mm ×180 mm 大小的矩形空间。将两组砌块交错砌筑，形成图 4.19 所示结构(3、4、5、6 为砌块编号，7 为构造柱)。施工时，可直接在矩形空间内浇注构造柱，不需要使用模板。

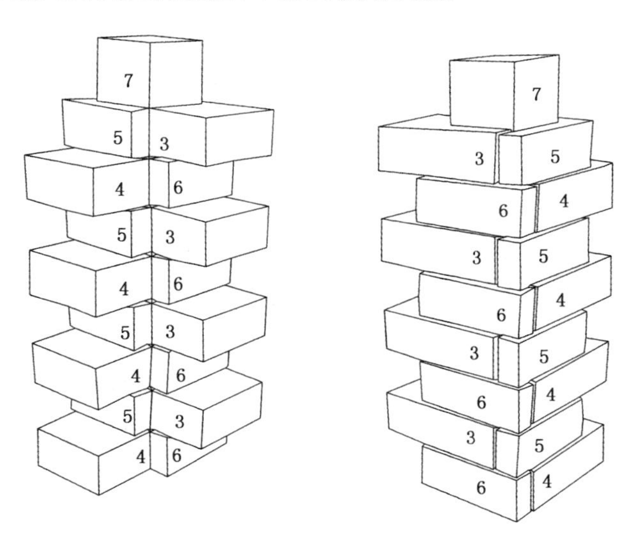

图 4.19　拐角设有构造柱处墙体砌筑方法

4）圈梁处墙体砌筑方法

根据《砌体结构设计规范》(GB 50003—2011)的相关规定，为增强房屋的整体刚度，防止由于地基的不均匀沉降或较大振动荷载等对房屋引起的不利影响，应按规定在墙中设置现浇钢筋混凝土圈梁。圈梁处墙体采用 5 号或 6 号砌块竖直砌筑，形成一个 180 mm ×240 mm 大小的空间，如图 4.20 所示(0、5 为砌块编号，7 为圈梁)。施工时，在墙体内侧设置一块模板，便能完成圈梁的浇筑。

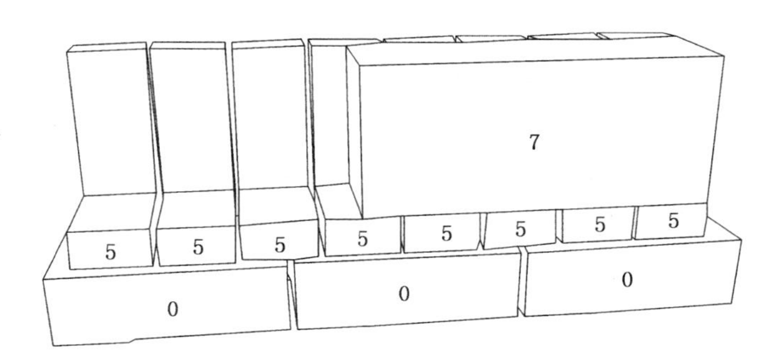

图 4.20　圈梁处墙体的砌筑方法

按上述方式砌筑的构造柱和圈梁，其外侧均有厚度为 60 mm 的自保温砌块，解决了热桥问题。利用这种砌块砌筑的结构墙体厚度为 240 mm，拐角、平墙以及丁形墙处构造柱尺寸均为180 mm ×180 mm，尺寸较大的门窗洞口两侧构造柱尺寸为 170 mm×180 mm，圈梁尺寸为 180 mm×240 mm，同时构造柱两侧砌块所形成的马牙槎错缝宽度均大于 90 mm，满足《砌体结构设计规范》(GB 5003—2011)的要求。

4.5.3　施工质量控制与检验

1）一般规定

（1）施工所用的混凝土保温复合砌块的产品龄期不应小于28 d。

（2）砌筑混凝土保温复合砌块时，应清除表面污物和芯柱用的小型砌块孔洞底部的毛边，剔除外观质量不合格的砌块。

（3）施工所用的砂浆宜选用专用的混凝土小型空心砌块砂浆。

（4）混凝土保温复合砌块建筑墙体砌筑时，在天气干燥炎热的情况下，可提前洒少量水润湿混凝土复合保温砌块。

（5）混凝土保温复合砌块的承重墙体时严禁使用断裂的小砌块。

（6）混凝土保温复合砌块的墙体应对应孔错缝搭砌，搭接长度应不小于 90 mm。墙体的个别部位不能满足上述要求时，应在灰缝内设置拉结钢筋或钢筋网片，但竖向通缝仍不得超过两皮小砌块。

（7）混凝土保温复合砌块应坐浆面朝上，反砌于墙上。

（8）浇灌芯柱混凝土，宜选专用的小型空心砌块灌孔混凝土，当采用普通混凝土时，应用坍落度大低收缩性的混凝土，其水灰比不大于 0.4，应遵守下列规定：

① 清理孔洞内的砂浆等杂物，但不能用水冲洗；

② 砌筑砂浆强度 1 MPa(24 h 后)时，方可浇灌芯柱混凝土。

③ 在浇灌芯柱混凝土前应先注入适量与芯柱混凝土相同的水泥浆，再浇灌芯柱混凝土。

（9）应在砂浆处于塑性时，校准新砌砌块的位置，否则，需要移动混凝土保温复合砌块或混凝土保温复合砌块被撞动时，应重铺新鲜砂浆再砌筑。

2）主控项目

（1）混凝土自保温复合砌块和砂浆的强度等级必须符合设计要求。

抽检数量：每一生产厂家每 1 万块混凝土自保温复合砌块至少应抽检一组。砂浆试块的抽检数量见相关规定。

抽检方法：查混凝土自保温复合砌块和砂浆试块试验报告。

（2）混凝土自保温复合砌块墙体的水平灰缝的砂浆饱满度，应按净面积计算不得低于 95%；竖向灰缝的饱满度不得小于 95%；不得出现瞎缝、透明缝。

抽检数量:每检验批次应不少于 3 处。

抽检方法:用专用的百格网检测混凝土自保温复合砌块与砂浆粘结痕迹,每处检测 3 块砌块,取其平均值。

(3) 混凝土复合砌块建筑墙体转角处和纵横墙交接处应同时砌筑。临时间断处要砌成斜槎,斜槎的水平投影长度应不小于规定的 2/3。

抽检数量:每检验批次抽 20%接槎,且应不少于 5 处。

抽检方法:观察检查。

(4) 混凝土自保温复合砌块砌体的轴线偏移和垂直度允许偏差应按表 4.21 的规定执行。

抽检数量:轴线查全部承重墙柱;外墙垂直度全高查阳角,应不少于 4 处,每层每 20 m 查一处;内墙按有代表性的自然间 10%,但应不少于 3 间,每间应不少于 2 处,柱应不少于 5 根。

3) 一般项目

(1) 混凝土自保温复合砌块砌体墙体的水平灰缝厚度和竖向灰缝厚度宜为 10 mm,但应不大于 12 mm,也不应小于 8 mm。

抽检数量:每层楼的检测点应不少于 3 处。

抽检方法:用尺量 5 皮砌块的高度和 2 m 砌体长度折算。

(2) 混凝土自保温砌块墙体的一般尺寸允许偏差应按表 4.22 规定。

本章参考文献

[1] 施楚贤. 砌体结构理论与设计. 第 2 版. 北京:中国建筑工业出版社,2003

[2] 朱伯龙. 砌体结构设计理论. 上海:同济大学出版社,1991

[3] 苏小卒. 砌体结构设计. 上海:同济大学出版社,2002

[4] 砌筑砂浆配合比设计规程(JGJ/T 98—2010). 北京:中国建筑工业出版

社，2011

[5] 砌体结构设计规范(GB 50003—2011). 北京:中国建筑工业出版社，2012

[6] 董明海，宋丽. 砌体结构设计理论. 西安:西安交通大学出版社，2010

[7] 砌体工程施工质量验收规范(GB 50203—2011). 北京:中国建筑工业出版社，2002

[8] 镇(乡)村建筑抗震技术规程(JGJ 161—2008). 北京:中国建筑工业出版社，2008

[9] 葛学礼，朱立新，黄世敏. 镇(乡)村建筑抗震技术规程实施指南. 北京:中国建筑工业出版社，2010

[10] 李楠.《砌体工程施工质量验收规范》应用图解. 北京:机械工业出版社，2009

第五章

计算实例

【例1】一幢两层砌体房屋,抗震设防烈度为7度(0.15*g*)。

房屋为3开间两层砌体结构,开间分别为3.0 m和2.4 m,进深6 m,楼屋面均为预应力钢筋混凝土圆孔板,横墙承重。平面见图5-1、图5-2所示。

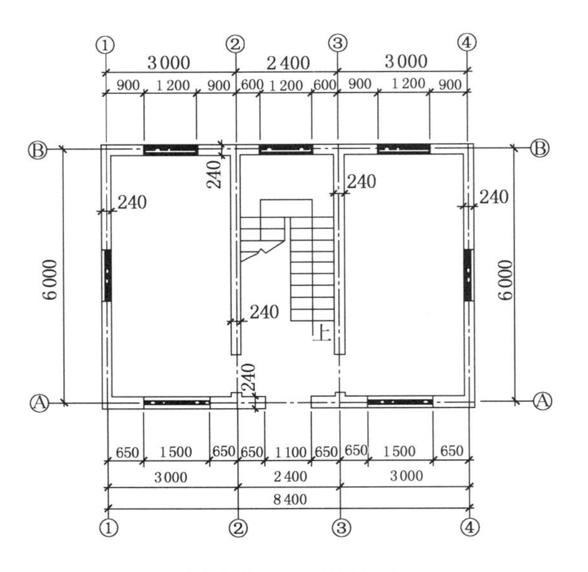

图5-1　一层平面图

(1) 主要设计参数如下:

层高及总高:一层层高为3.2 m,室内外高差0.3 m,二层层高

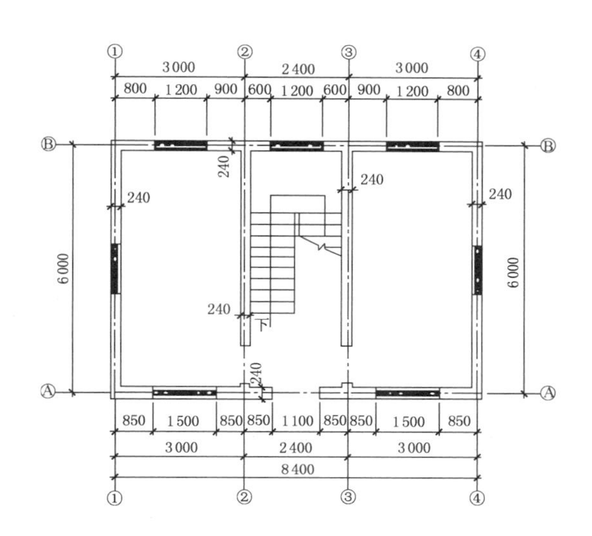

图 5.2　二层平面图

3.0 m,符合本书第三章 3.3.2 条房屋层高限值的要求:两层房屋其各层层高不应超过 3.6 m;总高度符合第三章表 3.1 的规定的限值:2 层,总高度不应超过 7.2 m。

抗震横墙间距:最大横墙间距为 3.0 m,符合第三章表 3.2规定的限值:240 厚实心砖墙、预应力板楼屋面的二层房屋,7 度时最大抗震横墙间距一层为 11 m,二层为 15 m。

墙体种类:外墙和内墙均为 240 mm,实砌,砌筑砂浆强度等级拟采用 M5。

墙体局部尺寸:非承重外墙尽端至门洞边的最小距离是 0.90 m,承重窗间墙最小宽度为 1 m,承重外墙尽端至门窗洞边的最小距离 2.5 m,满足表 3.3 规定的限值。

(2) 墙体抗震承载力验算

拟建房屋的各参数:抗震设防烈度为 7 度(0.15g),两层三开间,计算层高一层(包括室内外高差)3.5 m,二层为 3.0 m;抗震横墙最大间距 3.0 m，墙厚 240 mm，1/2 层高处门窗洞口所占的水平横截面面积：承重横墙一、二层均为 7.5%。承重纵墙一、二层分别为 45.1%和 38.2%，符合《规程》有关要求。

一层抗震墙间距最大值为 3.0 m，查《镇(乡)建筑抗震技术规程(JGJ 161—2008)》附录 B 表 B.0.1～11(第 84 页)“与砂浆强度等级对应的房屋宽度限值(B)”一栏，当砌筑砂浆强度等级为 M5 时，房屋 B 下限和上限值分别为 4 m 和 7.3 m。现房屋宽度为 6 m，满足要求。

二层抗震墙间距最大值为 3.0 m，按上表查“与砂浆强度等级对应的房屋限值(B)”一栏，当砌筑砂浆强度等级为 M5 时，房屋 B 下限和上限值分别为 4 m 和 12.5 m。现房屋宽度为 6 m，满足要求。

经校核，该两层砌体房屋的抗震承载力能够满足要求。如承载力不能够满足要求，超出了表中规定的限值，可以根据需要对砌筑强度进行适当调整。如，当一层宽度为 7.5 m 时，超出上限值 7.3 m 的要求，可以将砌筑砂浆强度改为 M7.5，查表房屋宽度 B 下限和上限值分别为 4 m 和 9.3 m，满足要求。

【例 2】一幢三层砌体房屋，抗震设防烈度为 8 度(0.2g)，层高均为 3.3 m。墙体采用混凝土小型空心砌块，390 mm×190 mm×190 mm，全部墙体采用 MU7.5 砌块，Mb5 水泥混合砂浆。构造柱 190 mm×190 mm，主筋为 4 Φ 12，HRB335，采用 C20 混凝土。共三层，墙体采用混凝土空心小砌块，390 mm×190 mm×190 mm，楼板选用现浇混凝土板，板厚为 130 mm，建筑地面作法为 50 mm，便于建筑找平和铺设面砖(或木地板)，隔墙和装修荷载1.2 kN/m^2。试验算其抗震承载力。图 5.3 为其平面图。各层平面布置相同。

【解】《镇(乡)村建筑抗震技术规程》(JGJ 161—2008)1.0.2

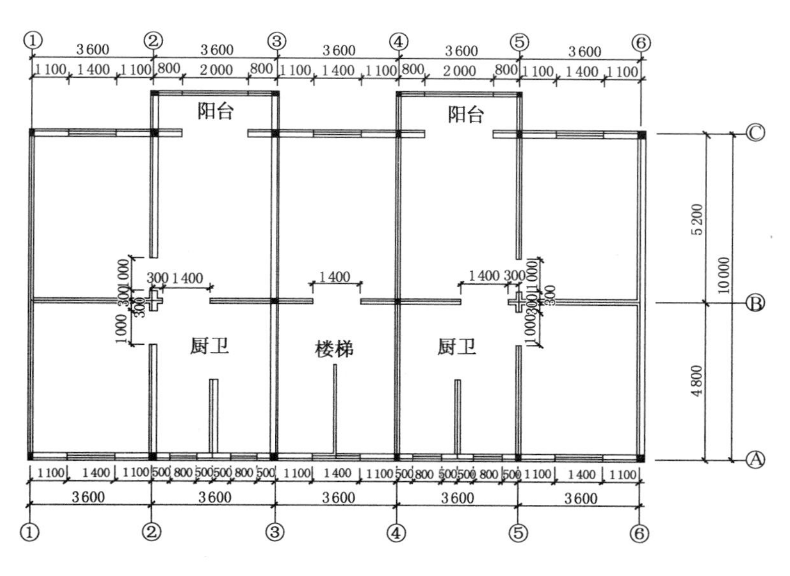

图 5.3 平面图

条提出:村镇建筑系指乡镇与农村中层数为一、二层,采用木楼板或冷轧带肋钢筋预应力圆孔板楼(屋)盖的一般民用房屋。对于村镇三层及以上的房屋,或采用钢筋混凝土圈梁、构造柱和楼(屋)盖的房屋,应按现行国家标准《建筑抗震设计规范》(GB 50011)进行设计。

构造柱应按现行国家标准《建筑抗震设计规范》(GB 50011—2010)进行配置,设防裂度为 8 度,三层房屋按该规范表 7.4.1 在外墙四角和楼梯间四角设置构造柱,房屋纵向长度为 18 m,在②~③/Ⓒ轴和④~⑤/Ⓒ轴处设置构造柱。

本例为三层砌体房屋,必须按照《建筑抗震设计规范》(GB 50011—2010)进行设计。主要设计计算过程如下:

(一) 荷载资料

1. 楼层荷载

楼面恒荷载　　6.25 kN/m^2

楼面活荷载　　2.00 kN/m^2

2. 墙体荷载

190 普通混凝土空心砌块　　2.25 kN/m^2

抹面层　　1.00 kN/m^2

3. 阳台荷载

恒载　　3.30 kN/m^2

活载　　2.50 kN/m^2

4. 重力荷载计算

为简化计算，取屋面总荷载与楼面总荷载相同。

(1) 楼面总荷载(活载组合值系数取 0.5)

$$18\times10\times\left(6.25+0.5\times2.0+0.5\times\frac{1}{3}\times3.3\times1.2\right)+2\times1.2\times3.6\times(3.3+0.5\times2.5)=1\,463.11\ (\text{kN})$$

(2) 墙体自重(未计入门窗重量)

① 1、2 轴横墙自重为

$$(10-0.19)\times3.3\times3.25=105.21\ (\text{kN})$$

② 3、4 轴横墙自重为

$$[(11.2-0.19)\times3.3-2\times1.0\times2.4]\times3.25=102.48\ (\text{kN})$$

③ 5、6 轴横墙自重为

$$(11.2-0.19)\times3.3\times3.25=118.08\ (\text{kN})$$

④ A 轴纵墙自重为

$$(18\times3.3-3\times1.4\times1.8-4\times0.8\times1.8)\times3.25=149.76\ (\text{kN})$$

⑤ B 轴纵墙自重为

$$(18\times3.3-2\times1.4\times2.4)\times3.25=171.21\ (\text{kN})$$

⑥ C轴纵墙自重为

$$(18\times3.3-3\times1.4\times1.8-2\times2\times2.4)\times3.25=137.28\ (\text{kN})$$

(3) 各层集中重力荷载

$$G_1=G_3=1\,463.11+\frac{1}{2}\times\left(\frac{1}{2}\times2\times105.21+2\times102.48+2\times118.08+149.76+171.21+137.28\right)=1\,965.4\ (\text{kN})$$

$$G_2=1\,463.11+\left(\frac{1}{2}\times2\times105.21+2\times102.48+2\times118.08+149.76+171.21+137.28\right)=2\,467.69\ (\text{kN})$$

总重力荷载

$$G_E=\sum_{i=1}^{n}G_i=1\,965.4\times2+2\,467.69=6\,398.49\ (\text{kN})$$

(4) 地震作用计算

8度,多遇地震,$a_{\max}=0.16$

$$F_{\text{Ekb}}=a_{\max}G_{\text{eq}}=0.16\times0.85\times6\,398.49=870.19\ (\text{kN})$$

$$F_3=\frac{G_iH_i}{\sum_{i=1}^{3}G_iH_i}F_{\text{Ekb}}$$

$$=\frac{9.9\times1\,965.4}{9.9\times1\,965.4+6.6\times2\,467.69+3.3\times1\,965.4}\times870.19=400.94\ \text{kN}$$

$$F_2=\frac{6.6\times2\,467.69}{\sum_{i=1}^{3}G_iH_i}\times870.19=335.60\ \text{kN}$$

$$F_1 = \frac{3.3 \times 1\,965.4}{\sum_{i=1}^{3} G_i H_i} \times 870.19 = 133.65\ (\text{kN})$$

（二）各层地震剪力

$$V_3 = 400.94\ (\text{kN})$$

$$V_2 = 400.94 + 335.6 = 756.54\ (\text{kN})$$

$$V_1 = 400.94 + 355.6 + 133.65 = 890.19\ (\text{kN})$$

（三）横向地震剪力分配

1. 横墙面积：1～3层墙段面积，各层中每根轴线所对应墙段面积相等。

$$A_1 = A_6 = (10\,000 - 190) \times 190 \div 2 = 931\,950\ (\text{mm}^2)$$

$$A_2 = A_5 = (11\,200 - 190 - 2 \times 1\,000) \times 190 = 1\,711\,900\ (\text{mm}^2)$$

$$A_3 = A_4 = (11\,200 - 190) \times 190 = 2\,091\,900\ (\text{mm}^2)$$

$$A_{总} = 2 \times 931\,950 + 2 \times 1\,711\,900 + 2 \times 2\,091\,900 = 9\,471\,500\ (\text{mm}^2)$$

2. 刚度的计算应计及高宽比的影响。高宽比小于1时，可只计算剪切变形。

$$V_{im} = \frac{A_i}{\sum A_i} V_i$$

3层

$$V_1 = V_6 = \frac{A_1}{A_{总}} V_3 = \frac{931\,950}{9\,471\,500} \times 400.94 = 39.45\ (\text{kN})$$

$$V_2 = V_5 = \frac{A_2}{A_{总}} V_3 = \frac{1\,711\,900}{9\,471\,500} \times 400.94 = 72.47\ (\text{kN})$$

$$V_3 = V_4 = \frac{A_3}{A_{总}} V_3 = \frac{2\,091\,900}{9\,471\,500} \times 400.94 = 88.55\ (\text{kN})$$

2层

$$V_1=V_6=\frac{A_1}{A_{总}}V_2=\frac{931\,950}{9\,471\,500}\times756.54=74.44\,(\text{kN})$$

$$V_2=V_5=\frac{A_2}{A_{总}}V_2=\frac{1\,711\,900}{9\,471\,500}\times756.54=136.74\,(\text{kN})$$

$$V_3=V_4=\frac{A_3}{A_{总}}V_2=\frac{2\,091\,900}{9\,471\,500}\times756.54=167.09\,(\text{kN})$$

1层

$$V_1=V_6=\frac{A_1}{A_{总}}V_1=\frac{931\,950}{9\,471\,500}\times890.19=87.59\,(\text{kN})$$

$$V_2=V_5=\frac{A_2}{A_{总}}V_1=\frac{1\,711\,900}{9\,471\,500}\times890.19=160.89\,(\text{kN})$$

$$V_3=V_4=\frac{A_3}{A_{总}}V_1=\frac{2\,091\,900}{9\,471\,500}\times890.19=196.61\,(\text{kN})$$

（四）纵向墙段地震剪力分配

1. 纵墙面积：1～3层墙段面积，各层中每根轴线所对应墙段面积相等。

$$A_A=(18\,000-190)\times190=3\,383\,900\,(\text{mm}^2)$$

$$A_B=(18\,000-190)\times190=3\,383\,900\,(\text{mm}^2)$$

$$A_C=(18\,000-190)\times190=3\,383\,900\,(\text{mm}^2)$$

$$A_{总}=3\times3\,383\,900+2\,851\,900=10\,151\,700\,(\text{mm}^2)$$

2. 刚度的计算应计及高宽比的影响。高宽比小于1时，可只计算剪切变形。经计算，外纵墙开洞率等于0.3，墙段洞口影响系数为0.88；内纵墙开洞率等于0.16，墙段洞口影响系数为0.96

$$V_{im}=\frac{A_i}{\sum A_i}V_i$$

3 层

$$V_A = \frac{A_A}{A_{总}} V_3 = \frac{3\,383\,900}{9\,619\,700} \times 400.94 \times 0.88 = 124.11\ (\text{kN})$$

$$V_B = \frac{A_A}{A_{总}} V_3 = \frac{3\,383\,900}{9\,619\,700} \times 400.94 \times 0.96 = 135.40\ (\text{kN})$$

$$V_C = \frac{A_A}{A_{总}} V_3 = \frac{3\,383\,900}{9\,619\,700} \times 400.94 \times 0.88 = 124.11\ (\text{kN})$$

2 层

$$V_A = \frac{A_A}{A_{总}} V_3 = \frac{3\,383\,900}{9\,619\,700} \times 756.54 \times 0.88 = 234.19\ (\text{kN})$$

$$V_B = \frac{A_A}{A_{总}} V_3 = \frac{3\,383\,900}{9\,619\,700} \times 756.54 \times 0.96 = 255.48\ (\text{kN})$$

$$V_A = \frac{A_A}{A_{总}} V_3 = \frac{3\,383\,900}{9\,619\,700} \times 756.54 \times 0.88 = 234.19\ (\text{kN})$$

1 层

$$V_A = \frac{A_A}{A_{总}} V_3 = \frac{3\,383\,900}{9\,619\,700} \times 890.19 \times 0.88 = 275.56\ (\text{kN})$$

$$V_B = \frac{A_A}{A_{总}} V_3 = \frac{3\,383\,900}{9\,619\,700} \times 890.19 \times 0.96 = 300.61\ (\text{kN})$$

$$V_A = \frac{A_A}{A_{总}} V_3 = \frac{3\,383\,900}{9\,619\,700} \times 890.19 \times 0.88 = 275.56\ (\text{kN})$$

由于楼、屋盖采用现浇混凝土刚性楼盖，抗侧力构件墙体按等效刚度比例分配水平地震剪力。横向墙有 6 个轴线、纵向墙仅 3 个轴线。因此，一个轴线纵向墙分配水平地震剪力要比横墙多，且外纵墙开洞多，内纵墙开洞少，所以 B 轴、7～16 轴墙肢分配水平地震剪力值要多。

（五）抗震承载力验算

按抗震验算原则，应对不利墙段进行验算，即对竖向压应力小或承受较大地震剪力的墙段。在此，对一层 B/①-②轴墙段（考虑旁边 300 mm 的小墙段）进行验算。

MU7.5，砌体抗剪墙度设计值：

$f_V = 0.08\ \text{N/mm}^2$，

$$\sigma_0 = \frac{N}{A} = \frac{171.21}{190 \times 1\,000} = 0.94\ (\text{MPa})；$$

$$\frac{\sigma_0}{f_V} = 11.75；$$

查表可知砌体强度的正应力影响系数为：$\xi_N = 3.4$

$$f_{VE} = \xi_N f_V = 3.4 \times 0.08 = 0.272\ (\text{N/mm}^2)$$

$$V = \frac{1}{r_{RE}}[f_{VE}A_c] = 0.272 \times (3\,600 + 300) \times 190$$

$$= 201.55\ (\text{kN}) > \frac{3\,900}{18\,000} \times 300.61$$

$$= 65\ (\text{kN})$$

结果显示，该墙段的抗震承载力富余较多，完全满足 8 度区设防要求。

附录 1

村镇砌体结构材料试验研究

1.1 砖或砌块抗压强度试验

1.1.1 试件制作

为了测量砖或砌块的抗压强度，对试件的坐浆面或铺浆面进行处理，使其成相互平行的平面，以便试验时受力均匀，具体处理步骤如下：

（1）检查钢板是否平直，然后将其清理干净。在钢板上先涂一层薄薄的机油或铺一张湿纸（本试验在大块地板砖上铺湿纸一张）；

（2）以 1 份重量的 $325^{\#}$ 水泥和 2 份重量的细砂，加入适量的水调成砂浆，砂浆不能太稀或太稠（本试验采用水泥净浆）；

（3）将试件的坐浆面或铺浆面平稳地压入调好的砂浆层中内，使其尽可能地均匀，厚度在 3～5 mm 之间为宜，注意将多余的砂浆沿试件棱边刮掉，静置 24 h 后，再按上述方法处理另一面；

（4）试件做好后，应在自然条件下（温度在 10℃以上）养护3 d 后做抗压强度试验。

1.1.2 试验方法

砖或砌块的抗压强度试验方法如下：

（1）测量每个试件的长度(L)和宽度(B)，应最少测量其各方向三次，求出其平均值，然后算出每个试件的水平毛面积，精确至1 cm^2；

（2）将试件置于试验机内，使试件的轴线与试验及压板的中心重合，以0.1～0.2 MPa/s的速度加载，直至试件破坏，并读出破坏荷载(P)；

（3）按照下式计算砖或砌块的抗压强度(R)：

$$R = \frac{P}{BL}$$

式中 R——抗压强度(MPa)；

L——试件宽度(mm)；

B——试件宽度(mm)；

P——试件破坏荷载(N)。

1.2 砂浆抗压强度试验

1.2.1 实验设备

砂浆立方体抗压强度试验所用仪器设备应符合下列规定：

（1）试模：尺寸为70.7 mm×70.7 mm×70.7 mm的带底试模，材质规定参照JG 3019第4.1.3及4.2.1条，应具有足够的刚度并拆装方便。试模的内表面应机械加工，其不平度应为每100 mm不超过0.05 mm，组装后各相邻面的不垂直度不应超过±0.5°。

（2）钢制捣棒：直径为10 mm，长为350 mm，端部应磨圆。

（3）压力试验机：精度为1%，试件破坏荷载应不小于压力机量程的20%，且不大于全量程的80%。

(4) 垫板:试验机上、下压板及试件之间可垫以钢垫板,垫板的尺寸应大于试件的承压面,其不平度应为每 100 mm 不超过0.02 mm。

(5) 振动台:空载中台面的垂直振幅应为(0.5±0.05)mm,空载频率应为(50±3)Hz,空载台面振幅均匀度不大于 10%,一次试验至少能固定(或用磁力吸盘)三个试模。

1.2.2 试件制作

立方体抗压强度试件的制作及养护应按下列步骤进行:

(1) 采用立方体试件,每组试件 3 个。

(2) 应用黄油等密封材料涂抹试模的外接缝,试模内涂刷薄层机油或脱模剂,将拌制好的砂浆一次性装满砂浆试模,成型方法根据稠度而定。当稠度≥50 mm 时采用人工振捣成型,当稠度<50 mm时采用振动台振实成型。

(3) 待表面水分稍干后,将高出试模部分的砂浆沿试模顶面刮去并抹平。

(4) 试件制作后应在室温为(20±5)℃的环境下静置(24±2)h,当气温较低时,可适当延长时间,但不应超过两昼夜,然后对试件进行编号、拆模。试件拆模后应立即放入温度为(20±2)℃,相对湿度为 90%以上的标准养护室中养护。养护期间,试件彼此间隔不小于 10 mm,混合砂浆试件上面应覆盖以防有水滴在试件上。

1.2.3 试验方法

砂浆立方体试件抗压强度试验应按下列步骤进行:

(1) 试件从养护地点取出后应及时进行试验。试验前将试件表面擦拭干净,测量尺寸,并检查其外观。并据此计算试件的承压面积，如实测尺寸与公称尺寸之差不超过 1 mm，可按公称尺寸进行计算。

（2）将试件安放在试验机的下压板（或下垫板）上，试件的承压面应与成型时的顶面垂直，试件中心应与试验机下压板（或下垫板）中心对准。开动试验机，当上压板与试件（或上垫板）接近时，调整球座，使接触面均衡受压。承压试验应连续而均匀地加荷，加荷速度应为每秒钟 0.25～1.5 kN（砂浆强度不大于 5 MPa 时，宜取下限，砂浆强度大于 5 MPa 时，宜取上限），当试件接近破坏而开始迅速变形时，停止调整试验机油门，直至试件破坏，然后记录破坏荷载。

（3）砂浆立方体抗压强度应按下式计算：

$$f_{m,cu} = \frac{N_u}{A}$$

式中　$f_{m,cu}$——砂浆立方体试件抗压强度（MPa）；

N_u——试件破坏荷载（N）；

A——试件承压面积（mm^2）。

砂浆立方体试件抗压强度应精确至 0.1 MPa。

以三个试件测值的算术平均值的 1.3 倍（f_2）作为该组试件的砂浆立方体试件抗压强度平均值（精确至 0.1 MPa）。

当三个测值的最大值或最小值中如有一个与中间值的差值超过中间值的 15%时，则把最大值及最小值一并舍除，取中间值作为该组试件的抗压强度值；如有两个测值与中间值的差值均超过中间值的 15%时，则该组试件的试验结果无效。

1.3 砌体基本力学性能试验

1.3.1 试件砌筑和试验的基本规定

砌体试验,按照试验用途可分为研究性试验和检验性试验两类[2]。研究性试验的试件组数及每组试件的数量,应按专门的试验设计确定;检验性试验的试件组数及每组试件的数量,应由检测单位规定,但在同等条件下,每组试件的数量,对于抗压试验,不应少于3件;对于抗剪和抗弯试验,不应少于6件。

砌体试件的砌筑,除应符合现行国家标准《砖石工程施工及验收规范》的规定外,尚应符合下列要求:

(1) 对同等级砂浆或同一对比组的试件,应由一名中等技术水平的瓦工,采用分层流水作业法砌筑,并应使每盘砂浆均匀地用于各个试件;对于检验施工质量的砌体试件,尚应在现场砌筑。

(2) 抗剪或抗弯试件砌筑完毕,应立即在其项部平压四皮砖或一皮砌块,平压时间不应少于14 d。

(3) 每盘砂浆应制作一组砂浆试件,每组试件的数量不应少于6件,但对同等级同类别砂浆的砌体试件,砂浆试件组数不应少于两组。如果需用砂浆试件强度控制砌体试件的养护时间,组数宜增加1～2组。

(4) 砌体试件和砂浆试件,应在室内自然条件下养护28 d后,同时进行试验。当日平均气温低于16℃时,尚应适当延长养护时间。

(5) 砌体试件的砌筑过程中,应随时检查砂浆饱满度。当试验后检查时,对抗压试件,每组应选3件、每件检查3个块体;对于抗剪或抗弯试件,应对每个破坏截面进行检查。

试验采用的加荷架、荷载分配梁等设备，应有足够的强度和刚度，其测量仪表的示值相对误差，应为2%。

试件的砌筑和试验，应采取确保人身安全和防止仪表损坏的安全措施。

1.3.2 砌体抗压强度试验方法

对外形尺寸为240 mm×115 mm×53 mm的普通砖，其砌体抗压试件尺寸(厚度×宽度×高度)，应采用240 mm×37 mm×720 mm。非普通砖的砌体抗压试件，其截面尺寸可稍作调整。但高度应按高厚比$\beta=3$确定。试件厚度和宽度的制作允许误差，应为±5 mm。

中、小型砌块的砌体抗压试件，其厚度应为砌块厚度；宽度应为主规格砌块的长度；高度应为三皮砌块高加灰缝厚度。中间一皮砌块应有一条竖向灰缝。

料石砌体抗压试件的厚度应为200～250 mm，宽度应为350～400 mm；毛石砌体抗压试件的厚度应为400 mm，宽度应为700～800 mm；两类试件的高度均应按高厚比$\beta=3$确定。料石砌体试件的中间一皮石块，应有一条竖向灰缝。

各类砌体抗压试件应砌筑在带吊钩的刚性垫板或厚度不小于10 mm的钢垫板上。垫板应找平；试件顶部宜采用厚度为10 mm的1∶3水泥砂浆找平，并应采用水平尺检查其平整度。

对不需测量变形值的试件，可采用几何对中、分级施加荷载方法。每级的荷载，应为预估破坏荷载值的10%，并应在1～1.5 min内均匀加完；恒荷1～2 min后施加下一级荷载。施加荷载时，不得冲击试件。加荷至预估破坏荷载值的80%后，应按原定加荷速度连续加荷，直至试件破坏。当试件裂缝急剧扩展和增多，试验机的测力计指针明显回退时，应定为该试件丧失承载能力而达到破坏状态。其最大荷载读数应为该试件的破坏荷载值。

对需要测量变形值、确定砌体弹性模量的试件，宜采用物理对中、分级施加荷载方法。在预估破坏荷载值的5%～20%区间内，应反复预压3～5次。两个宽侧面轴向变形值的相对误差，不应超过10%。当超过时，应重新调整试件位置或垫平试件。预压后，应卸荷并将千分表指针调拨至零点，前文规定的施加荷载方法逐级加荷，并应同时测记变形值。当加荷至预估破坏荷载值的80%时，应拆除仪表，然后将试件连续加荷至破坏。

试验过程中，应观察和捕捉第一条受力的发丝裂缝，并应记录初裂荷载值。对安装有变形测量仪表的试件，应观察变形值突然增大时可能出现的裂缝。荷载逐级增加时，应观察和描绘裂缝发展情况。试件破坏后，应立即绘制裂缝图和记录破坏特征。

单个试件的抗压强度 $f_{0,\mathrm{m}}$，应按下式计算，其计算结果取值应精确至0.1 MPa：

$$f_{0,\mathrm{m}}=\frac{N}{A}$$

式中 $f_{0,\mathrm{m}}$——试件的抗压强度(MPa)；

N——试件的抗压破坏荷载(N)；

A——试件的截面面积(mm^2)，根据所测得的试件平均宽度和平均厚度计算。

1.3.3 砌体沿通缝截面抗剪强度试验方法

普通砖的砌体沿通缝截面的抗剪试验，应采用由9块砖组成的双剪试件(附图1.1)。其他规格砖块的砌体抗剪试验，宜采用此种双剪试件型式，但试件尺寸可作相应的调整。

中、小型砌块的砌体抗剪试验，可使用加荷架沿水平方向对试件施加荷载(附图1.2)。对于较高的中型砌块砌体试件，试验时

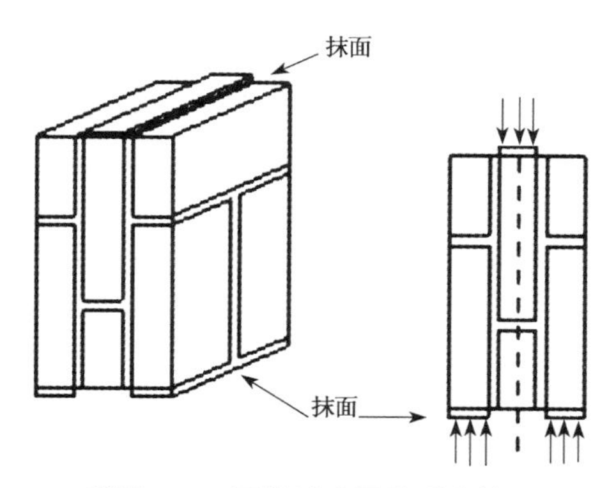

附图 1.1　双剪试验及其受力情况

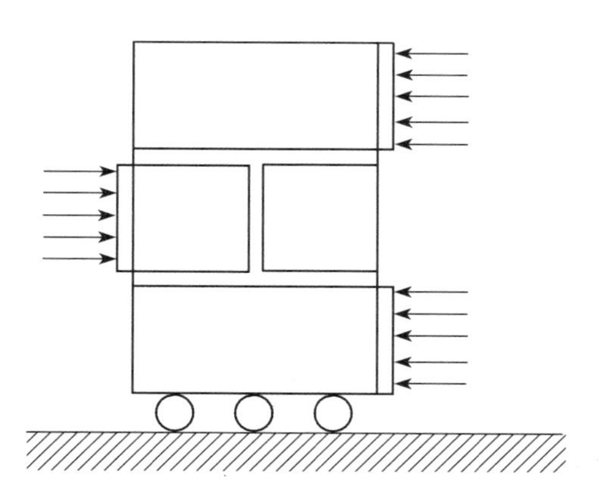

附图 1.2　混凝土小块砌体受力简图

应加设侧向支撑；试件与台座之间宜采用湿砂垫平，不宜加设滚轴。

砖砌体抗剪试件的砂浆强度达到 70%以后，可将试件立放，先后对承压面和加荷面采用 1∶3 水泥砂浆找平，找平层厚度宜为 10 mm。上、下找平层应相互平行并垂直于受剪面的灰缝。其平整度可采用水平尺和直角尺检查。

水平加荷的中、小型砌块砌体抗剪试件，其三个受力面也应找平，并应垂直于水平灰缝。

砌体抗剪试验，应按下列步骤和要求进行：

(1) 测量受剪面尺寸，测量精度应为 1 mm；

(2) 将砖砌体抗剪试件立放在试验机下压板上，试件的中心线应与试验机轴线重合，试验机上下压板与试件的接触应密合，对于中、小型砌块的砌体抗剪试验，尚应采用由加荷架、千斤顶和测力计组成的水平加荷系统；

(3) 抗剪试验应采用匀速连续加荷方法，并应避免冲击，加荷速度应按试件在 1～3 min 内破坏进行控制，当有一个受剪面被剪坏即认为试件破坏，应记录破坏荷载值和试件破坏特征。

单个试件沿通缝截面的抗剪强度 $f_{v,m}$ 应按下式计算，其计算结果取值应精确至 0.01 MPa。

$$f_{v,m} = \frac{N_v}{2A}$$

式中 $f_{v,m}$——试件沿通缝截面的抗剪强度(MPa)；

N_v——试件的抗剪破坏荷载(N)；

A——试件的一个受剪面的面积(mm^2)。

1.3.4 砌体沿通缝截面抗剪强度试验方法

砖砌体沿通缝截面和沿齿缝截面的弯曲抗拉强度试验，应采用简支梁三分点集中加荷的方法。普通砖的砌体抗弯试件尺寸(附图 1.3，附图 1.4)，应符合下列要求：

(1) 截面高度和宽度，均应为 240 mm。

(2) 试件跨度，对于沿通缝抗弯试件，不应小于 720 mm；对于沿齿缝抗弯试件，不应小于 1 000 mm，且不应小于截面高度的 3 倍。

(3) 试件的总长度宜为试件跨度加 60 mm。其他规格砖的砌

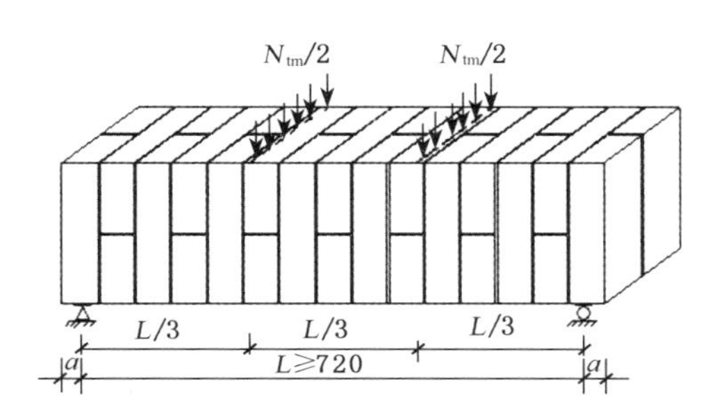

附图 1.3 砖砌体沿通缝截面抗弯试验方法

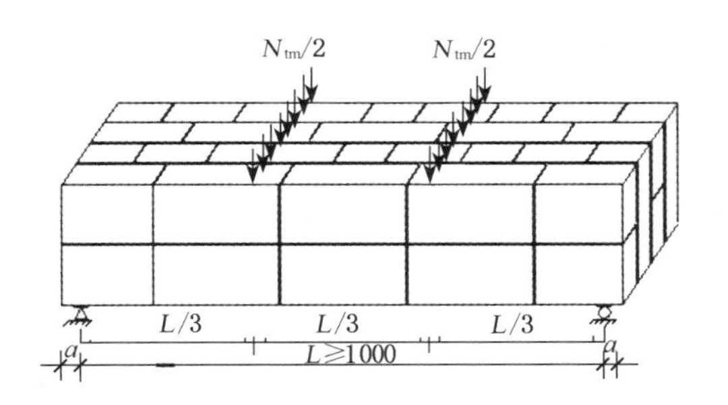

附图 1.4 砖砌体沿齿缝截面抗弯试验方法

体抗弯试件尺寸，可按具体情况作相应调整。

沿通缝截面抗弯的砌体试件，应立砌；试验时应将试件放平，再装到试验机或试验台座上。沿齿缝截面抗弯的砌体试件，应平砌，根据试验要求可采用一顺一丁、三顺一丁或其他砌筑形式；试验时应以长边为轴旋转 90°，平移至试验机或试验台座上。试件的支座处和荷载作用处，应预先采用 1∶3 水泥砂浆找平，找平层的厚度不应小于 10 mm，宽度不应小于 50 mm。

加荷的设备，宜采用电动油压试验机。当受条件限制时，可采用由试验台座、加荷架、千斤顶和测力计等组成的加荷系统。

砖砌体试件的抗弯试验，应按下列步骤与要求进行：

(1) 在试件上应标出支座与荷载作用线的准确位置,并应在纯弯区段,测量截面尺寸,测量精度应为 1 mm。选择三件尺寸相同的试件,测其自重并计算平均值,精确至 10 N。

(2) 在试验机或试验台座上,按简支梁三分点集中加荷的要求,使试件准确就位。

(3) 抗弯试验应采用匀速连续加荷方法,加荷速度应按试件在 3～5 min 内破坏进行控制。试件破坏时,应记录破坏荷载值和试件破坏特征。

(4) 整理与分析砖砌体抗弯试验结果时,应注明是沿通缝截面还是沿齿缝截面,不得混淆。

若试件破坏处在跨中 1/3 长度之外,应视为不正常破坏,该项试验数据应予舍去。

单个试件沿通缝截面或沿齿缝截面的弯曲抗拉强度 $f_{tm,m}$,应按下式计算,其计算结果取值应精确至 0.01 MPa:

$$f_{tm,m} = \frac{(N_{tm} + 0.75G)l}{bh^2}$$

式中 $f_{tm,m}$——试件的弯曲抗拉强度(MPa);

N_{tm}——试件的抗弯破坏荷载,包括荷载分配梁等附件的自重(N);

G——试件的自重(N);

l——试件的计算跨度(mm);

b、h——试件的截面宽度、高度(mm)。

附录 2

村镇砌体结构抗震性能试验研究

2.1　砌体结构墙体抗震性能试验研究

关于砌体结构墙体抗震性能的研究，现阶段主要采用的是低周反复荷载试验的方法。墙体低周反复荷载试验主要是研究墙体在受到模拟地震作用的低周反复荷载后的力学性能和破坏机理，其结果通常是由描述荷载-变形关系的滞回曲线以及相关参数来表达，它们是研究墙体抗震性能的基本数据，可用以进行墙体抗震性能的评定。同时，通过这些指标的综合评定，可以相对比较各种构造和加固措施的抗震能力，建立和完善抗震设计理论，提出合适的抗震设计方法。通过低周反复荷载试验可以获得墙体的承载能力、刚度、滞回曲线、骨架曲线、延性系数、退化率以及能量耗散等多方面的指标和一系列具体参数，通过对这些量值的对比分析，可以判断结构抗震性能的优劣并做出适当的评价。

2.1.1　试验装置

墙体低周反复荷载试验加载装置如附图 2.1 所示。该装置可以通过两个串联的同步千斤顶施加竖向荷载，并保证在试验过程中竖向荷载值稳定，通过水平电液伺服加载装置进行低周反复荷载试验。

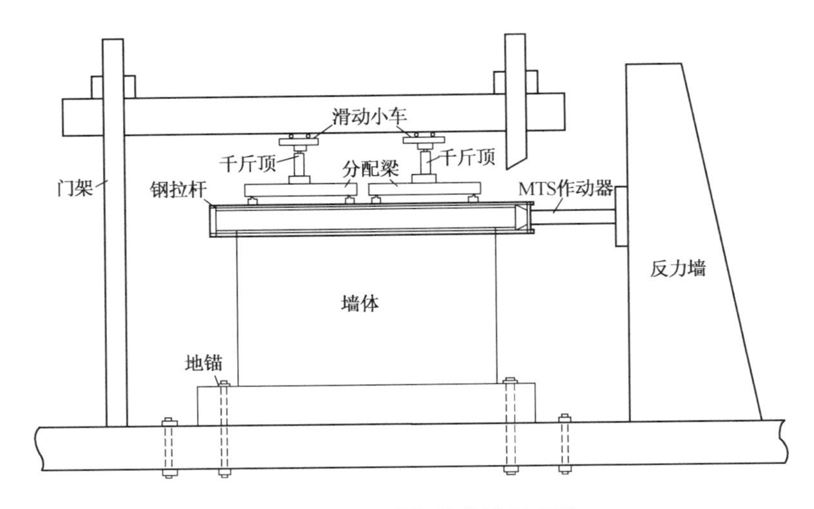

附图 2.1　试验加载装置示意图

2.1.2　加载制度

参照《建筑抗震试验方法规程》(JGJ 101—96)，本次试验加载按照荷载—位移双控的方法进行，具体加载程序为：

1）施加竖向荷载

竖向荷载采用多点加载，千斤顶通过钢梁和质量块将竖向压力传递至顶梁。千斤顶固定在滑动小车下面，可与墙体同步进行水平移动。为了保证实验过程安全，钢梁、千斤顶和滑动小车都通过钢丝绳拴在反力架上，避免在实验过程中掉落至地面。在施加水平荷载之前，先通过千斤顶分两级施加竖向荷载至预定值，保持5 min，测取初始读数，然后保持竖向荷载在整个试验过程中恒定不变。

2）施加水平荷载

试验采用作动器来施加水平方向的低周反复荷载。在正式加载之前，预先施加 30 kN 的水平荷载，正负往返两次，检查试验装置和测量仪器能否正常工作以及固定装置是否牢靠，确定一切正常后，卸去将水平荷载，开始正式加载。

试验采用力—位移双控的加载方式，即在墙体开裂之前按力控制逐级施加水平力，每级水平力施加一次（即推、拉方向上各加载、卸载一次），级差为 50 kN。墙体开裂后改为位移控制进行加载，取墙体初裂时的正、负位移平均值作为位移控制量，将该位移平均值的倍数作为级差进行位移控制加载，每级位移循环三次，当荷载下降为极限承载能力的 85％后试验结束。加载制度如附图 2.2 所示。

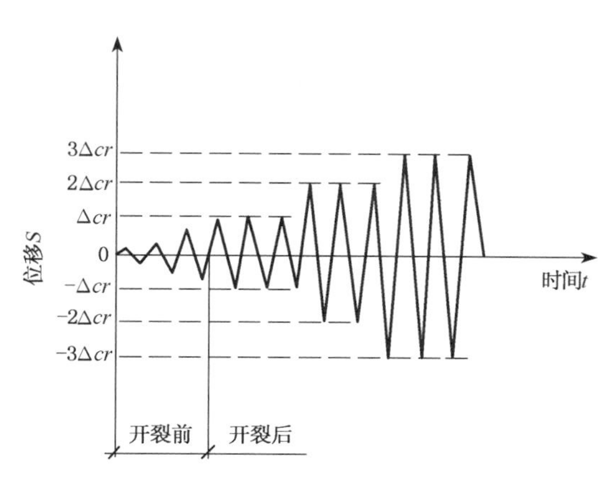

附图 2.2　试验加载制度

2.1.3　试验数据处理

试件的荷载及变形试验资料整理应按下列规定进行：

（1）开裂荷载及变形应取试件受拉区出现第一条裂缝时相应的荷载和相应变形；

（2）对钢筋屈服的试件，屈服荷载及变形应取受拉区主筋达到屈服应变时相应的荷载和相应变形；

（3）试件承受的最大荷载和变形应取试件承受荷载最大时相应的荷载和相应变形；

（4）破坏荷载及相应变形应取试件在最大荷载出现之后随变形增加而荷载下降至最大荷载的85％时的相应荷载和相应变形。

试体的刚度可用割线刚度来表示，割线刚度 K_i 应按照下式计算：

$$K_i = \frac{|P_i| + |-P_i|}{|\Delta_i| + |-\Delta_i|}$$

式中 P_i——第 i 次正向水平荷载峰值；

$-P_i$——第 i 次负向水平荷载峰值；

Δ_i——第 i 次正向水平荷载峰值所对应的墙顶位移；

$-\Delta_i$——第 i 次负向水平荷载峰值所对应的墙顶位移。

试件的延性采用破坏位移与屈服位移的比值 μ 来表示：

$$\mu = \Delta_{u.d}/\Delta_y$$

式中 $\Delta_{u.d}$——破坏位移，取承载力下降至试件极限荷载的85％时所对应的墙顶位移；

Δ_y——屈服位移。

试件的耗能能力采用等效黏滞阻尼系数 ξ_c 来表示，等效黏滞阻尼系数 ξ_c 按照下式计算：

$$\xi_c = \frac{A_{BAC} + A_{BDC}}{2\pi(A_{FDO} + A_{EAO})}$$

式中 A_{BAC}——附图2.3中所示 BAC 的面积；

A_{BDC}——附图2.3中所示 BDC 的面积；

A_{FDO}——附图2.3中所示 FDO 的面积；

A_{EAO}——附图2.3中所示 EAO 的面积。

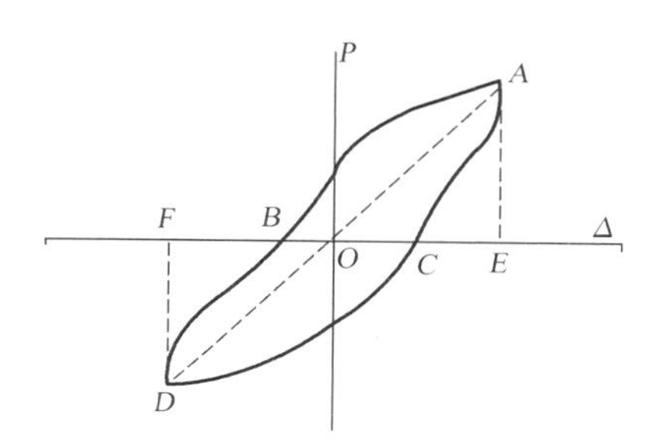

附图 2.3　等效黏滞阻尼系数计算方法

2.2　砌体结构房屋振动台试验研究

2.2.1　试验装置

当试验要求高精度模拟地震波输入时,宜选用能对地震波具有迭代功能的有数控装置的模拟地震振动台。模拟地震振动台应根据试体的尺寸质量以及试验要求并结合振动台的台面尺寸频响特性和动力性能等参数选择使用对于大缩比的试体模型应选用高频小位移的振动台对足尺或小缩比的试体模型应选用低频大位移的振动台[4]。

在试体安装之前,应检查振动台各部分及控制系统,确认处于正常的工作状态。试体与台面之间宜铺设找平垫层,试体起吊下降安装时应防止受损。试体就位后,应采用高强螺栓按底梁或底盘上的预留孔位置与台面螺栓孔连接。并宜采用特制的限位压板和支撑装置固定试体,在试验过程中应随时检查,防止螺栓松动。

测试仪器应根据试体的动力特性、动力反应、模拟地震振动台的性能以及所需的测试参数来选择,被选用的各种测试仪器均应在试验前进行系统标定。测试仪器的使用频率范围,其下限应低于试验用地震记录最低主要频率分量的1/10,上限应大于最高有用频率分量值。测试仪器动态范围应大于60 db,测量讯号分辨率应小于最小有用振动幅值的1/10。试验数据的记录宜采用磁带记录器或计算机数据采集系统采集和记录。量测用的传感器应具有良好的机械抗冲击性能,重量和体积要小,且便于安装和拆卸。量测用的传感器的连接导线,应采用屏蔽电缆。量测仪器的输出阻抗和输出电平应与记录仪器或数据采集系统匹配。

2.2.2 加载方法

振动台试验加载时,台面输入的地面运动加速度时程曲线应按下列条件进行设计:

(1) 设计和选择台面输入加速度时程曲线时,应考虑试验结构的周期、拟建场地类别、地震烈度和震中距离的影响;

(2) 加速度时程曲线可直接选用强震记录的地震数据曲线,也可按结构拟建场地类别的反应谱特性拟合的人工地震波,选用人工合成地震波时持续时间不宜小于20 s。

(3) 输入加速度时程曲线的加速度幅值和持续时间应按模型设计的比例所确定的相似常数进行修正。

模拟地震振动台模型试体的试验,宜在加载前采用正弦频率扫描法或白噪声激振法测定试体的动力特性:

(1) 正弦频率扫描法是采用单向等振幅加速度的变频连续正弦波,台面输入对试体进行正弦扫描,扫描速率可采用每分钟一个倍频程,加速度值为0.05 m/s^2。当振动台的噪声电平极低时,也可选用更小的加速度幅值;

(2) 白噪声激振法是采用单向白噪声对试体激振,白噪声的频段应能覆盖试体的自振频率,加速度值为0.5～0.8 m/s^2。

模拟地震振动台试验,宜采用多次分级加载方法,加载可按下列步骤进行：

(1) 依据按试体模型理论计算的弹性和非弹性地震反应，估计逐次输入台面加速度幅值。

(2) 弹性阶段试验。输入某一幅值的地震地面运动加速度时程曲线，量测试体的动力反应、放大系数和弹性性能。

(3) 非弹性阶段试验。逐级加大台面输入加速度幅值，使试体逐步发展到中等程度的开裂，除了采集测试的数据外，尚应观测试体各部位的开裂或破坏情况。

(4) 破坏阶段试验继续。加大台面输入加速度幅值，或在某一最大的峰值下反复输入，使试体变为机动体系，直到试体整体破坏，检验结构的极限抗震能力。

2.2.3 试验的观测和动态反应量测

振动台试验时应按需要量测试体的加速度、速度、位移和应变等主要参数的动态反应。

对于框架、墙体等试体，加速度和位移测点宜优先布置在加速度和变形反应最大的部位。对于混凝土试体尚宜在试体受力和变形最大的部位布置测点量测钢筋和混凝土的应变和动态反应。

对于整体结构模型试体宜在模型屋盖和每层楼面高度位置布置加速度和位移传感器，量测模型的层间位移与加速度反应。对于钢筋混凝土模型试体或有构造柱的砌体结构模型试体，应量测钢筋和混凝土的应变反应。

在试体的底梁或底盘上，宜布置测试试体底部相对于台面的位移和加速度反应的测点。

当采用接触式位移计量测试体变形时，安装位移计的仪表架固定于台面或基坑外的地面上，仪表架本身必须有足够的刚度。

传感器与被测试体间应使用绝缘垫隔离，隔离垫谐振频率要远大于被测试体的频率。

传感器的连接导线应牢固固定在被测试体上，宜从物体运动较小的方向引出。

对于钢筋混凝土及砌体结构的试体在试验逐级加载的间隙中，应观测裂缝出现和扩展情况，量测裂缝宽度，将裂缝出现的次序和扩展情况按输入地震波过程在试体上描绘并作出记录。

试验的全过程宜以录像作动态记录，对于试体主要部位的开裂、失稳屈服及破坏情况，宜拍摄照片和作写实记录。

2.2.4 试验数据处理

试验数据采样频率应符合一般波谱信号数值处理的要求。试验数据分析前，对数据必须进行下列处理：

（1）根据传感器的标定值及应变计的灵敏系数等对试验数据进行修正。

（2）根据试验情况和分析需要，采用滤波处理、零均值化、消除趋势项等减小量测误差的措施。

（3）根据处理后的试验数据，应提取测试数据的最大值及其相对应的时间、时程反应曲线以及结构的自振频率、振型和阻尼比等数据。

（4）当采用白噪声确定试体自振频率和阻尼比时，宜采用自功率谱或传递函数分析求得。试体的振型宜用互功率谱或传递函数分析确定。

（5）需用加速度反应值计算位移值时，可用积分法计算，但应消除趋势项和进行滤波处理。

附录3

我国主要城镇抗震设防烈度、设计基本地震加速度和设计地震分组

本附录仅提供我国抗震设防区各县级及县级以上城镇的中心地区建筑工程抗震设计时所采用的抗震设防烈度、设计基本地震加速度值和所属的设计地震分组。

注：本附录一般把“设计地震第一、二、三组”简称为“第一组、第二组、第三组”。

3.1 首都和直辖市

1 抗震设防烈度为8度，设计基本地震加速度值为0.20g：

第一组：北京（东城、西城、崇文、宣武、朝阳、丰台、石景山、海淀、房山、通州、顺义、大兴、平谷），延庆，天津（汉沽），宁河。

2 抗震设防烈度为7度，设计基本地震加速度值为0.15g：

第二组：北京（昌平、门头沟、怀柔），密云；天津（和平、河东、河西、南开、河北、红桥、塘沽、东丽、西青、津南、北辰、武清、宝坻），蓟县，静海。

3 抗震设防烈度为7度，设计基本地震加速度值为0.10g：

第一组：上海（黄浦、卢湾、徐汇、长宁、静安、普陀、闸北、虹口、杨浦、闵行、宝山、嘉定、浦东、松江、青浦、南汇、奉贤）；

第二组：天津（大港）。

4 抗震设防烈度为6度，设计基本地震加速度值为0.05g：

第一组：上海（金山），崇明；重庆（渝中、大渡口、江北、沙坪坝、九龙坡、南岸、北碚、万盛、双桥、渝北、巴南、万州、涪陵、黔江、长寿、江津、合川、永川、南川），巫山，奉节，云阳，忠县，丰都，壁山，铜梁，大足，荣昌，綦江，石柱，巫溪*。

注：上标*指该城镇的中心位于本设防区和较低设防区的分界线，下同。

3.2 河北省

1 抗震设防烈度为8度，设计基本地震加速度值为0.20g：

第一组：唐山（路北、路南、古冶、开平、丰润、丰南），三河，大厂，香河，怀来，涿鹿；

第二组：廊坊（广阳、安次）。

2 抗震设防烈度为7度，设计基本地震加速度值为0.15g：

第一组：邯郸（丛台、邯山、复兴、峰峰矿区），任丘，河间，大城，滦县，蔚县，磁县，宣化县，张家口（下花园、宣化区），宁晋*；

第二组：涿州，高碑店，涞水，固安，永清，文安，玉田，迁安，卢龙，滦南，唐海，乐亭，阳原，邯郸县，大名，临漳，成安。

3 抗震设防烈度为7度，设计基本地震加速度值为0.10g：

第一组：张家口（桥西、桥东），万全，怀安，安平，饶阳，晋州，深州，辛集，赵县，隆尧，任县，南和，新河，肃宁，柏乡；

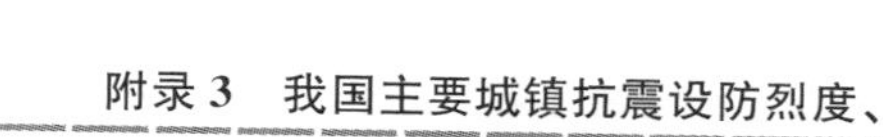

第二组：石家庄（长安、桥东、桥西、新华、裕华、井陉矿区），保定（新市、北市、南市），沧州（运河、新华），邢台（桥东、桥西），衡水，霸州，雄县，易县，沧县，张北，兴隆，迁西，抚宁，昌黎，青县，献县，广宗，平乡，鸡泽，曲周，肥乡，馆陶，广平，高邑，内丘，邢台县，武安，涉县，赤城，走兴，容城，徐水，安新，高阳，博野，蠡县，深泽，魏县，藁城，栾城，武强，冀州，巨鹿，沙河，临城，泊头，永年，崇礼，南宫*；

第三组：秦皇岛（海港、北戴河），清苑，遵化，安国，涞源，承德（鹰手营子*）。

4 抗震设防烈度为 6 度，设计基本地震加速度值为 0.05g：

第一组：围场，沽源；

第二组：正定，尚义，无极，平山，鹿泉，井陉县，元氏，南皮，吴桥，景县，东光；

第三组：承德（双桥、双滦），秦皇岛（山海关），承德县，隆化，宽城，青龙，阜平，满城，顺平，唐县，望都，曲阳，定州，行唐，赞皇，黄骅，海兴，孟村，盐山，阜城，故城，清河，新乐，武邑，枣强，威县，丰宁，滦平，平泉，临西，灵寿，邱县。

3.3 山西省

1 抗震设防烈度为 8 度，设计基本地震加速度值为 0.20g：

第一组：太原（杏花岭、小店、迎泽、尖草坪、万柏林、晋源），晋中，清徐，阳曲，忻州，定襄，原平，介休，灵石，汾西，代县，霍州，古县，洪洞，临汾，襄汾，浮山，永济；

第二组：祁县，平遥，太谷。

2 抗震设防烈度为 7 度，设计基本地震加速度值为 0.15g：

第一组：大同（城区、矿区、南郊），大同县，怀仁，应县，繁峙，五台，广灵，灵丘，芮城，翼城；

第二组：朔州（朔城区），浑源，山阴，古交，交城，文水，汾阳，孝义，曲沃，侯马，新绛，稷山，绛县，河津，万荣，闻喜，临猗，夏县，运城，平陆，沁源*，宁武*。

3 抗震设防烈度为 7 度，设计基本地震加速度值为 0.10g：

第一组：阳高，天镇；

第二组：大同（新荣），长治（城区、郊区）．阳泉（城区、矿区、郊区），长治县，左云，右玉，神池，寿阳，昔阳，安泽，平定，和顺，乡宁，垣曲，黎城，潞城，壶关；

第三组：平顺，榆社，武乡，娄烦，交口，隰县，蒲县，吉县，静乐，陵川，盂县，沁水，沁县，朔州（平鲁）。

4 抗震设防烈度为 6 度，设计基本地震加速度值为 0.05g：

第三组：偏关，河曲，保德，兴县，临县，方山，柳林，五寨，岢岚，岚县，中阳，石楼，永和，大宁，晋城，吕梁，左权，襄垣，屯留，长子，高平，阳城，泽州。

3.4 内蒙古自治区

1 抗震设防烈度为 8 度，设计基本地震加速度值为 0.30g：

第一组：土墨特右旗，达拉特旗。

2 抗震设防烈度为 8 度，设计基本地震加速度值为 0.20g：

第一组：呼和浩特（新城、回民、玉泉、赛罕），包头（昆都仑、东河、青山、九原），乌海（海勃湾、海南、乌达），土墨特左旗，杭锦后旗，磴口，宁城；

第二组：包头（石拐），托克托*。

3 抗震设防烈度为7度，设计基本地震加速度值为0.15g：

第一组：赤峰（红山，元宝山区），喀喇沁旗，巴彦淖尔，五原，乌拉特前旗，凉城；

第二组：固阳，武川，和林格尔；

第三组：阿拉善左旗。

4 抗震设防烈度为7度，设计基本地震加速度值为0.10g：

第一组：赤峰（松山区），察右前旗，开鲁，傲汉旗，扎兰屯，通辽*；

第二组：清水河，乌兰察布，卓资，丰镇，乌特拉后旗，乌特拉中旗；

第三组：鄂尔多斯，准格尔旗。

5 抗震设防烈度为6度，设计基本地震加速度值为0.05g：

第一组：满洲里，新巴尔虎右旗，莫力达瓦旗，阿荣旗，扎赉特旗，翁牛特旗，商都，乌审旗，科左中旗，科左后旗，奈曼旗，库伦旗，苏尼特右旗；

第二组：兴和，察右后旗；

第三组：达尔军茂明安联合旗，阿拉善右旗，鄂托克旗，鄂托克前旗，包头（白云矿区），伊金霍洛旗，杭锦旗，四子王旗，察右中旗。

3.5 辽宁省

1 抗震设防烈度为8度，设计基本地震加速度值为0.20g：

第一组：普兰店，东港。

2 抗震设防烈度为7度，设计基本地震加速度值为0.15g：

第一组：营口（站前、西市、鲅鱼圈、老边），丹东（振兴、元宝、振安），海城，大石桥，瓦房店，盖州，大连（金州）。

3 抗震设防烈度为7度，设计基本地震加速度值为0.10g：

第一组：沈阳（沈河、和平、大东、皇姑、铁西、苏家屯、东陵、沈北、于洪），鞍山（铁东、铁西、立山、千山），朝阳（双塔、龙城），辽阳（白塔、文圣、宏伟、弓长岭、太子河），抚顺（新抚、东洲、望花），铁岭（银州、清河），盘锦（兴隆台、双台子），盘山，朝阳县，辽阳县，铁岭县，北票，建平，开原，抚顺县*，灯塔，台安，辽中，大洼；

第二组：大连（西岗、中山、沙河口、甘井子、旅顺），岫岩，凌源。

4 抗震设防烈度为6度，设计基本地震加速度值为0.05g：

第一组：本溪（平山、溪湖、明山、南芬），阜新（细河、海州、新邱、太平、清河门），葫芦岛（龙港、连山），昌图，西丰，法库，彰武，调兵山，阜新县，康平，新民，黑山，北宁，义县，宽甸，庄河，长海，抚顺（顺城）；

第二组：锦州（太和、古塔、凌河），凌海，凤城，喀喇沁左翼；

第三组：兴城，绥中，建昌，葫芦岛（南票）。

3.6 吉林省

1 抗震设防烈度为8度，设计基本地震加速度值为0.20g：

前郭尔罗斯，松原。

2 抗震设防烈度为7度，设计基本地震加速度值为0.15g：

大安*。

3 抗震设防烈度为7度，设计基本地震加速度值为0.10g：

长春（难关、朝阳、宽城、二道、绿园、双阳），吉林（船营、龙潭、昌邑、丰满），白城，乾安，舒兰，九台，永吉*。

4 抗震设防烈度为6度，设计基本地震加速度值为0.05g：

四平（铁西、铁东），辽源（龙山、西安），镇赉，洮南，延吉，汪清，

图们，珲春，龙井，和龙，安图，蛟河，桦甸，梨树，磐石，东丰，辉南，梅河口，东辽，榆树，靖宇，抚松，长岭，德惠，农安，伊通，公主岭，扶余，通榆*。

注：全省县级及县级以上设防城镇，设计地震分组均为第一组。

3.7　黑龙江省

1　抗震设防烈度为7度，设计基本地震加速度值为0.10g：
绥化，萝北，泰来。

2　抗震设防烈度为6度，设计基本地震加速度值为0.05g：
哈尔滨（松北、道里、南岗、道外、香坊、平房、呼兰、阿城），齐齐哈尔（建华、龙沙、铁锋、昂昂溪、富拉尔基、碾子山、梅里斯），大庆（萨尔图、龙凤、让胡路、大同、红岗），鹤岗（向阳、兴山、工农、南山、兴安、东山），牡丹江（东安、爱民、阳明、西安），鸡西（鸡冠、恒山、滴道、梨树、城子河、麻山），佳木斯（前进、向阳、东风、郊区），七台河（桃山、新兴、茄子河），伊春（伊春区，乌马、友好），鸡东，望奎，穆棱，绥芬河，东宁，宁安，五大连池，嘉荫，汤原，桦南，桦川，依兰，勃利，通河，方正，木兰，巴彦，延寿，尚志，宾县，安达，明水，绥棱，庆安，兰西，肇东，肇州，双城，五常，讷河，北安，甘南，富裕，尤江，黑河，肇源，青冈*，海林*。

注：全省县级及县级以上设防城镇，设计地震分组均为第一组。

3.8　江苏省

1　抗震设防烈度为8度，设计基本地震加速度值为0.30g：

第一组:宿迁(宿城、宿豫*)。

2 抗震设防烈度为8度,设计基本地震加速度值为0.20g:

第一组:新沂,邳州,睢宁。

3 抗震设防烈度为7度,设计基本地震加速度值为0.15g:

第一组:扬州(维扬、广陵、邗江),镇江(京口、润州),泗洪,江都;

第二组:东海,沭阳,大丰。

4 抗震设防烈度为7度,设计基本地震加速度值为0.10g:

第一组:南京(玄武、白下、秦淮、建邺、鼓楼、下关、浦口、六合、栖霞、雨花台、江宁),常州(新北、钟楼、天宁、戚墅堰、武进),泰州(海陵、高港),江浦,东台,海安,姜堰,如皋,扬中,仪征,兴化,高邮,六合,句容,丹阳,金坛,镇江(丹徒),溧阳,溧水,昆山,太仓;

第二组:徐州(云龙、鼓楼、九里、贾汪、泉山),铜山,沛县,淮安(清河、青浦、淮阴),盐城(亭湖、盐都),泗阳,盱眙,射阳,赣榆,如东;

第三组:连云港(新浦、连云、海州),灌云。

5 抗震设防烈度为6度,设计基本地震加速度值为0.05g:

第一组:无锡(崇安、南长、北塘、滨湖、惠山),苏州(金阊、沧浪、平江、虎丘、吴中、相城),宜兴,常熟,吴江,泰兴,高淳;

第二组:南通(崇川、港闸),海门,启东,通州,张家港,靖江,江阴,无锡(锡山),建湖,洪泽,丰县;

第三组:响水,滨海,阜宁,宝应,金湖,灌南,涟水,楚州。

3.9 浙江省

1 抗震设防烈度为7度,设计基本地震加速度值为0.10g:

第一组：岱山，嵊泗，舟山（定海、普陀），宁波（北仑、镇海）。

2 抗震设防烈度为6度，设计基本地震加速度值为0.05g：

第一组：杭州（拱墅、上城、下城、江干、西湖、滨江、余杭、萧山），宁波（海曙、江东、江北、鄞州），湖州（吴兴、南浔），嘉兴（南湖、秀洲），温州（鹿城、龙湾、瓯海），绍兴，绍兴县，长兴，安吉，临安，奉化，象山，德清，嘉善，平湖，海盐，桐乡，海宁，上虞，慈溪，余姚，富阳，平阳，苍南，乐清，永嘉，泰顺，景宁，云和，洞头；

第二组：庆元，瑞安。

3.10 安徽省

1 抗震设防烈度为7度，设计基本地震加速度值为0.15g：

第一组：五河，泗县。

2 抗震设防烈度为7度，设计基本地震加速度值为0.10g：

第一组：合肥（蜀山、庐阳、瑶海、包河），蚌埠（蚌山、龙子湖、禹会、淮山），阜阳（颍州、颍东、颍泉），淮南（田家庵、大通），枞阳，怀远，长丰，六安（金安、裕安），固镇，凤阳，明光，定远，肥东，肥西，舒城，庐江，桐城，霍山，涡阳，安庆（大观、迎江、宜秀），铜陵县*；

第二组：灵璧。

3 抗震设防烈度为6度，设计基本地震加速度值为0.05g：

第一组：铜陵（铜官山、狮子山、郊区），淮南（谢家集、八公山、潘集），芜湖（镜湖、弋江、三江、鸠江），马鞍山（花山、雨山、金家庄），芜湖县，界首，太和，临泉，阜南，利辛，凤台，寿县，颍上，霍邱，金寨，含山，和县，当涂，无为，繁昌，池州，岳西，潜山，太湖，怀宁，望江，东至，宿松，南陵，宣城，郎溪，广德，泾县，青阳，石台；

第二组：滁州（琅琊、南谯），来安，全椒，砀山，萧县，蒙城，亳州，巢湖，天长；

第三组：濉溪，淮北，宿州。

3.11 福建省

1 抗震设防烈度为8度，设计基本地震加速度值为0.20g：

第二组：金门*。

2 抗震设防烈度为7度，设计基本地震加速度值为0.15g：

第一组：漳州（芗城、龙文），东山，诏安，龙海；

第二组：厦门（思明、海沧、湖里、集美、同安、翔安），晋江，石狮，长泰，漳浦；

第三组：泉州（丰泽、鲤城、洛江、泉港）。

3 抗震设防烈度为7度，设计基本地震加速度值为0.10g：

第二组：福州（鼓楼、台江、仓山、晋安），华安，南靖，平和，云霄；

第三组：莆田（城厢、涵江、荔城、秀屿），长乐，福清，平潭，惠安，南安，安溪，福州（马尾）。

4 抗震设防烈度为6度，设计基本地震加速度值为0.05g：

第一组：三明（梅列、三元），屏南，霞浦，福鼎，福安，柘荣，寿宁，周宁，松溪，宁德，古田，罗源，沙县，尤溪，闽清，闽侯，南平，大田，漳平，龙岩，泰宁，宁化，长汀，武平，建守，将乐，明溪，清流，连城，上杭，永安，建瓯；

第二组：政和，永定；

第三组：连江，永泰，德化，永春，仙游，马祖。

3.12　江西省

1　抗震设防烈度为 7 度，设计基本地震加速度值为 0.10g：
寻乌，会昌。

2　抗震设防烈度为 6 度，设计基本地震加速度值为 0.05g：
南昌（东湖、西湖、青云谱、湾里、青山湖），南昌县，九江（浔阳、庐山），九江县，进贤，余干，彭泽，湖口，星子，瑞昌，德安，都昌，武宁，修水，靖安，铜鼓，宜丰，宁都，石城，瑞金，安远，定南，龙南，全南，大余。

注：全省县级及县级以上设防城镇，设计地震分组均为第一组。

3.13　山东省

1　抗震设防烈度为 8 度，设计基本地震加速度值为 0.20g：
第一组：郯城，临沭，莒南，莒县，沂永，安丘，阳谷，临沂（河东）。

2　抗震设防烈度为 7 度，设计基本地震加速度值为 0.15g：
第一组：临沂（兰山、罗庄），青州，临朐，菏泽，东明，聊城，莘县，鄄城；
第二组：潍坊（奎文、潍城、寒亭、坊子），苍山，沂南，昌邑，昌乐，诸城，五莲，长岛，蓬莱，龙口，枣庄（台儿庄），淄博（临淄），寿光*。

3　抗震设防烈度为 7 度，设计基本地震加速度值为 0.10g：
第一组：烟台（莱山、芝罘、牟平），威海，文登，高唐，茌平，定陶，成武；
第二组：烟台（福山），枣庄（薛城、市中、峄城、山亭*），淄博（张店、淄川、周村），平原，东阿，平阴，梁山，郓城，巨野，曹县，广饶，博兴，高青，桓台，蒙阴，费县，微山，禹城，冠县，单县，夏津*，莱芜（莱城*、钢城）；

第三组：东营（东营、河口），日照（东港、岚山），沂源，招远，新泰，栖霞，莱州，平度，高密，垦利，淄博（博山），滨州*，平邑*。

4 抗震设防烈度为6度，设计基本地震加速度值为0.05g：

第一组：荣成；

第二组：德州，宁阳，曲阜，邹城，鱼台，乳山，兖州；

第三组：济南（市中、历下、槐荫、天桥、历城、长清），青岛（市南、市北、四方、黄岛、崂山、城阳、李沧），泰安（泰山、岱岳），济宁（市中、任城），乐陵，庆云，无棣，阳信，宁津，沾化，利津，武城，惠民，商河，临邑，济阳，齐河，章丘，泗水，莱阳，海阳，金乡，滕州，莱西，即墨，胶南，胶州，东平，汶上，嘉祥，临清，肥城，陵县，邹平。

3.14 河南省

1 抗震设防烈度为8度，设计基本地震加速度值为0.20g：

第一组：新乡（丑滨、红旗、凤泉、牧野），新乡县，安阳（北关、文峰、殷都、龙安），安阳县，淇县，卫辉，辉县，原阳，延津，获嘉，范县；

第二组：鹤壁（淇滨、山城*、鹤山*），汤阴。

2 抗震设防烈度为7度，设计基本地震加速度值为0.15g：

第一组：台前，南乐，陕县，武陟；

第二组：郑州（中原、二七、管城、金水、惠济），濮阳，濮阳县，长桓，封丘，修武，内黄，浚县，滑县，清丰，灵宝，三门峡，焦作（马村*），林州*。

3 抗震设防烈度为 7 度，设计基本地震加速度值为 0.10g：

第一组：南阳(卧龙、宛城)，新密，长葛，许昌*，许昌县*；

第二组：郑州(上街)，新郑，洛阳(西工、老城、渡河、涧西、吉利、洛龙*)，焦作(解放、山阳、中站)，开封(鼓楼、龙亭、顺河、禹王台、金明)，开封县，民权，兰考，孟州，孟津，巩义，偃师，沁阳，博爱，济源，荥阳，温县，中牟，杞县*。

4 抗震设防烈度为 6 度，设计基本地震加速度值为 0.05g：

第一组：信阳(浉河、平桥)，漯河(郾城、源汇、召陵)，平顶山(新华、卫东、湛河、石龙)，汝阳，禹州，宝丰，鄢陵，扶沟，太康，鹿邑，郸城，沈丘，项城，淮阳，周口，商水，上蔡，临颍，西华，西平，栾川，内乡，镇平，唐河，邓州，新野，社旗，平舆，新县，驻马店，泌阳，汝南，桐柏，淮滨，息县，正阳，遂平，光山，罗山，潢川，商城，固始，南召，叶县*，舞阳*；

第二组：商丘(梁园、睢阳)，义马，新安，襄城，郏县，嵩县，宜阳，伊川，登封，柘城，尉氏，通许，虞城，夏邑，宁陵；

第三组：汝州，睢县，永城，卢氏，洛宁，渑池。

3.15 湖北省

1 抗震设防烈度为 7 度，设计基本地震加速度值为 0.10g：

竹溪，竹山，房县。

2 抗震谩防烈度为 6 度，设计基本地震加速度值为 0.05g：

武汉(江岸、江汉、硚口、汉阳、武昌、青山、洪山、东西湖、汉南、蔡甸、江夏、黄陂、新洲)，荆州(沙市、荆州)，荆门(东宝、掇刀)，襄樊(襄城、樊城、襄阳)，十堰(茅箭、张湾)，宜昌(西陵、伍家岗、点军、猇亭、夷陵)，黄石(下陆、黄石港、西塞山、铁山)，恩施，咸宁，麻城，团风，罗田，英山，黄冈，鄂州，浠水，蕲春，黄梅，武穴，郧西，郧县，丹江口，谷城，老河口，宜城，南漳，保康，神农架，钟祥，沙洋，远安，兴山，巴东，秭归，当阳，建始，利川，公安，宣恩，咸丰，长阳，嘉鱼，大冶，宜都，枝江，松滋，江陵，石首，监利，洪湖，孝感，应城，云梦，天门，仙桃，红安，安陆，潜江，通山，赤壁，崇阳，通城，五峰*，京山*。

注：全省县级及县级以上设防城镇，设计地震分组均为第一组。

3.16 湖南省

1 抗震设防烈度为7度，设计基本地震加速度值为0.15g：
常德（武陵、鼎城）。

2 抗震设防烈度为7度，设计基本地震加速度值为0.10g：
岳阳（岳阳楼、君山），岳阳县，汨罗，湘阴，临澧，澧县，津市，桃源，安乡，汉寿。

3 抗震设防烈度为6度，设计基本地震加速度值为0.05g：
长沙（岳麓、芙蓉、天心、开福、雨花），长沙县，岳阳（云溪），益阳（赫山、资阳），张家界（永定、武陵源），郴州（北湖、苏仙），邵阳（大祥、双清、北塔），邵阳县，泸溪，沅陵，娄底，宜章，资兴，平江，宁乡，新化，冷水江，涟源，双峰，新邵，邵东，隆回，石门，慈利，华容，南县，临湘，沅江，桃江，望城，溆浦，会同，靖州，韶山，江华，宁远，道县，临武，湘乡*，安化*，中方*，洪江*。

注：全省县级及县级以上设防城镇，设计地震分组均为第一组。

3.17 广东省

1 抗震设防烈度为8度，设计基本地震加速度值为0.20g：
汕头（金平、濠江、龙湖、澄海），潮安，南澳，徐闻，潮州。

2 抗震设防烈度为7度，设计基本地震加速度值为0.15g：
揭阳，揭东，汕头（潮阳、潮南），饶平。

3 抗震设防烈度为7度，设计基本地震加速度值为0.10g：
广州（越秀、荔湾、海珠、天河、白云、黄埔、番禺、南沙、萝岗），深圳（福田、罗湖、南山、宝安、盐田），湛江（赤坎、霞山、坡头、麻章），汕尾，海丰，普宁，惠来，阳江，阳东，阳西，茂名（茂南、茂港），化州，廉江，遂溪，吴川，丰顺，中山，珠海（香洲、斗门、金湾），电白，雷州，佛山（顺德、南海、禅城*），江门（蓬江、江海、新会）*，陆丰*。

4 抗震设防烈度为6度，设计基本地震加速度值为0.05g：
韶关（浈江、武江、曲江），肇庆（端州、鼎湖），广州（花都），深圳（龙岗），河源，揭西，东源，梅州，东莞，清远，清新，南雄，仁化，始兴，乳源，英德，佛冈，龙门，龙川，平远，从化，梅县，兴宁，五华，紫金，陆河，增城，博罗，惠州（惠城、惠阳），惠东，四会，云浮，云安，高要，佛山（三水、高明），鹤山，封开，郁南，罗定，信宜，新兴，开平，恩平，台山，阳春，高州，翁源，连平，和平，蕉岭，大埔，新丰”。

注：全省县级及县级以上设防城镇，除大埔为设计地震第二组外，均为第一组。

3.18 广西壮族自治区

1 设防烈度为7度，设计基本地震加速度值为0.15g：

灵山，田东。

2 设防烈度为7度，设计基本地震加速度值为0.10g：
玉林，兴业，横县，北流，百色，田阳，平果，隆安，浦北，博白，乐业*。

3 设防烈度为6度，设计基本地震加速度值为0.05g：
南宁(青秀、兴宁、江南、西乡塘、良庆、邕宁)，桂林(象山、叠彩、秀峰、七星、雁山)，柳州(柳北、城中、鱼峰、柳南)，梧州(长洲、万秀、蝶山)，钦州(钦南、钦北)，贵港(港北、港南)，防城港(港口、防城)，北海(海城、银海)，兴安，灵川，临桂，永福，鹿寨，天峨，东兰，巴马，都安，大化，马山，融安，象州，武宣，桂平，平南，上林，宾阳，武鸣，大新，扶绥，东兴，合浦，钟山，贺州，藤县，苍梧，容县，岑溪，陆川，凤山，凌云，田林，隆林，西林，德保，靖西，那坡，天等，崇左，上思，龙州，宁明，融水，凭祥，全州。

注：全自治区县级及县级以上设防城镇，设计地震分组均为第一组。

3.19 海南省

1 抗震设防烈度为8度，设计基本地震加速度值为0.30g：
海口(龙华、秀英、琼山、美兰)。

2 抗震设防烈度为8度，设计基本地震加速度值为0.20g：
文昌，定安。

3 抗震设防烈度为7度，设计基本地震加速度值为0.15g：
澄迈。

4 抗震设防烈度为7度，设计基本地震加速度值为0.10g：
临高，琼海，儋州，屯昌。

5 抗震设防烈度为6度，设计基本地震加速度值为0.05g：

三亚,万宁,昌江,白沙,保亭,陵水,东方,乐东,五指山,琼中。

注:全省县级及县级以上设防城镇,除屯昌、琼中为设计地震第二组外,均为第一组。

3.20 四川省

1 抗震设防烈度不低于9度,设计基本地震加速度值不小于0.40 g:

第二组:康定,西昌。

2 抗震设防烈度为8度,设计基本地震加速度值为0.30g:

第二组:冕宁*。

3 抗震设防烈度为8度,设计基本地震加速度值为0.20g:

第一组:茂县,汶川,宝兴;

第二组:松潘,平武,北川(震前),都江堰,道孚,泸定,甘孜,炉霍,喜德,普格,宁南,理塘;

第三组:九寨沟,石棉,德昌。

4 抗震设防烈度为7度,设计基本地震加速度值为0.15g:

第二组:巴塘,德格,马边,雷波,天全,芦山,丹巴,安县,青州,江油,绵竹,什邡,彭州,理县,剑阁*;

第三组:荥经,汉源,昭觉,布拖,甘洛,越西,雅江,九龙,木里,盐源,会东,新龙。

5 抗震设防烈度为7度,设计基本地震加速度值为0.10g:

第一组:自贡(自流井、大安、贡井、沿滩);

第二组:绵阳(涪城、游仙),广元(利州、元坝、朝天),乐山(市中、沙湾),宜宾,宜宾县,峨边,沐川,屏山,得荣,雅安,中江,德阳,罗江,峨眉山,马尔康;

第三组:成都(青羊、锦江、金牛、武侯、成华、龙泽泉、青白江、新都、温江），攀枝花（东区、西区、仁和），若尔盖，色达，壤塘，石渠，白玉，盐边，米易，乡城，稻城，双流，乐山（金口轲、五通桥），名山，美姑，金阳，小金，会理，黑水，金川，洪雅，夹江，邛崃，蒲江，彭山，丹棱，眉山，青神，郫县，大邑，崇州，新津，金堂，广汉。

6 抗震设防烈度为6度，设计基本地震加速度值为0.05g：

第一组：泸州（江阳、纳溪、龙马潭），内江（市中、东兴），宣汉，达州，达县，大竹，邻水，渠县，广安，华蓥，隆昌，富顺，南溪，兴文，叙永，古蔺，资中，通江，万源，巴中，阆中，仪陇，西充，南部，射洪，大英，乐至，资阳；

第二组：南江，苍溪，旺苍，盐亭，三台，简阳，泸县，江安，长宁，高县，珙县，仁寿，威远；

第三组：犍为，荣县，梓潼，筠连，井研，阿坝，红原。

3.21 贵州省

1 抗震设防烈度为7度，设计基本地震加速度值为0.10g：

第一组：望谟；

第三组：威宁。

2 抗震设防烈度为6度，设计基本地震加速度值为0.05g：

第一组：贵阳（乌当、白云、小河、南明、云岩溪），凯里，毕节，安顺，都匀，黄平，福泉，贵定，麻江镇，龙里，平坝，纳雍，织金，普定，六枝，镇宁，惠水顺，关岭，紫云，罗甸，兴仁，贞丰，安龙，金沙，赤水，习水，思南*；

第二组：六盘水，水城，册亨；

第三组：赫章，普安，晴隆，兴义，盘县。

3.22 云南省

1 抗震设防烈度不低于9度，设计基本地震加速度值不小于0.40g：

第二组：寻甸，昆明(东川)；

第三组：澜沧。

2 抗震设防烈度为8度，设计基本地震加速度值为0.30g：

第二组：剑川，嵩明，宜良，丽江，玉龙，鹤庆，永胜，潞西，龙陵，石屏，建水；

第三组：耿马，双江，沧源，勐海，西盟，孟连。

3 抗震设防烈度为8度，设计基本地震加速度值为0.20g：

第二组：石林，玉溪，大理，巧家，江川，华宁，峨山，通海，洱源，宾川，弥渡，祥云，会泽，南涧；

第三组：昆明(盘龙、五华、官渡、西山)，普洱(原思茅市)，保山，马龙，呈贡，澄江，晋宁，易门，漾濞，巍山，云县，腾冲，施甸，瑞丽，梁河，安宁，景洪，永德，镇康，临沧，凤庆*，陇川*。

4 抗震设防烈度为7度，设计基本地震加速度值为0.15g；

第二组：香格里拉，泸水，大关，永善，新平；

第三组：曲靖，弥勒，陆良，富民，禄劝，武定，兰坪，云龙，景谷，宁洱(原普洱)，沾益，个旧，红河，元江，禄丰，双柏，开远，盈江，永平，昌宁，宁蒗，南华，楚雄，勐腊，华坪，景东*。

5 抗震设防慰度为7度，设计基本地震加速度值为0.10g：

第二组：盐津，绥江，德钦，贡山，水富；

第三组：昭通，彝良，鲁甸，福贡，永仁，大姚，元谋，姚安，牟定，墨江，绿春，镇沅，江城，金平，富源，师宗，泸西，蒙自，元阳，维西，宣威。

6 抗震设防烈度为6度，设计基本地震加速度值为0.05g：

第一组：威信，镇雄，富宁，西畴，麻栗坡，马关；

第二组：广南；

第三组：丘北，砚山，屏边，河口，文山，罗平。

3.23 西藏自治区

1 抗震设防烈度不低于9度，设计基本地震加速度值不小于0.40g：

第三组：当雄，墨脱。

2 抗震设防烈度为8度，设计基本地震加速度值为0.30g：

第二组：申扎；

第三组：米林，波密。

3 抗震设防烈度为8度，设计基本地震加速度值为0.20g：

第二组：普兰，聂拉木，萨嘎；

第三组：拉萨，堆龙德庆，尼木，仁布，尼玛，洛隆，隆子，错那，曲松，那曲，林芝（八一镇），林周。

4 抗震设防烈度为7度，设计基本地震加速度值为0.15g：

第二组：札达，吉隆，拉孜，谢通门，亚东，洛扎，昂仁；

第三组：日土，江孜，康马，白朗，扎囊，措美，桑日，加查，边坝，八宿，丁青，类乌齐，乃东，琼结，贡嘎，朗县，达孜，南木林，班戈，浪卡子，墨竹工卡，曲水，安多，聂荣，日喀则*，噶尔*。

5 抗震设防烈度为7度，设计基本地震加速度值为0.10g：

第一组：改则；

第二组：措勤，仲巴，定结，芒康；
第三组：昌都，定日，萨迦，岗巴，巴青，工布江达，索县，比如，嘉黎，察雅，友贡，察隅，江达，贡觉。

6 抗震设防烈度为 6 度，设计基本地震加速度值为 0.05*g*：
第二组：革吉。

3.24 陕西省

1 抗震设防烈度为 8 度，设计基本地震加速度值为 0.20*g*：
第一组：西安（未央、莲湖、新城、碑林、灞桥、雁塔、阎良*、临潼），渭南，华县，华阴，潼关，大荔；
第三组：陇县。

2 抗震设防烈度为 7 度，设计基本地震加速度值为 0.15*g*：
第一组：咸阳（秦都、渭城），西安（长安），高陵，兴平，周至，户县，蓝田；
第二组：宝鸡（金台、渭滨、陈仓），咸阳（杨凌特区），千阳，岐山，凤翔，扶风，武功，眉县，三原，富平，澄城，蒲城，泾阳，礼泉，韩城，合阳，略阳；
第三组：凤县。

3 抗震设防烈度为 7 度，设计基本地震加速度值为 0.10*g*：
第一组：安康，平利；
第二组：洛南，乾县，勉县，宁强，南郑，汉中；
第三组：白水，淳化，麟游，永寿，商洛（商州），太白，留坝，铜川（耀州、王益、印台*），柞水*。

4 抗震设防烈度为 6 度，设计基本地震加速度值为 0.05*g*：
第一组：延安，清涧，神木，佳县，米脂，绥德，安塞，延川，延长，志丹，甘泉，商南，紫阳，镇巴，子长*，子洲*；

第二组：吴旗，富县，旬阳，白河，岚皋，镇坪；

第三组：定边，府谷，吴堡，洛川，黄陵，旬邑，洋县，西乡，石泉，汉阴，宁陕，城固，宜川，黄龙，宜君，长武，彬县，佛坪，镇安，丹凤.山阳。

3.25 甘肃省

1 抗震设防烈度不低于 9 度，设计基本地震加速度值不小于0.40g：

第二组：古浪。

2 抗震设防烈度为 8 度，设计基本地震加速度值为 0.30g：

第二组：天水（秦州、麦积），礼县，西和；

第三组：白银（平川区）。

3 抗震设防烈度为 8 度，设计基本地震加速度值为 0.20g：

第二组：菪昌，肃北，陇南，成县，徽县，康县，文县；

第三组：兰州（城关、七里河、西固、安宁），武威，永登，天祝，景泰，靖远，陇西，武山，秦安，清水，甘谷，漳县，会宁，静宁，庄浪，张家川，通渭，华亭，两当，舟曲。

4 抗震设防烈度为 7 度，设计基本地震加速度值为 0.15g：

第二组：康乐，嘉峪关，玉门，酒泉，高台，临泽，肃南；

第三组：白银（白银区），兰州（红古区），永靖，岷县，东乡，和政，广河，临潭，卓尼，迭部，临洮，渭源，皋兰，崇信，榆中，定西，金昌，阿克塞，民乐，永昌，平凉。

5 抗震设防烈度为 7 度，设计基本地震加速度值为 0.10g：

第二组：张掖，合作，玛曲，金塔；

第三组：敦煌，瓜洲，山丹，临夏，临夏县，夏河，碌曲，泾川，灵台，民勤，镇原，环县，积石山。

6　抗震设防烈度为6度，设计基本地震加速度值为0.05g：
第三组：华池，正宁，庆阳，合水，宁县，西峰。

3.26　青海省

1　抗震设防烈度为8度，设计基本地震加速度值为0.20g：
第二组：玛沁；
第三组：玛多，达日。
2　抗震设防烈度为7度，设计基本地震加速度值为0.15g：
第二组：祁连；
第三组：甘德，门源，治多，玉树。
3　抗震设防烈度为7度，设计基本地震加速度值为0.10g：
第二组：乌兰，称多，杂多，囊谦；
第三组：西宁（城中、城东、城西、城北），同仁，共和，德令哈，海晏，湟源，湟中，平安，民和，化隆，贵德，尖扎，循化，格尔木，贵南，同德，河南，曲麻莱，久治，班玛，天峻，刚察，大通，互助，乐都，都兰，兴海。
4　抗震设防烈度为6度，设计基本地震加速度值为0.05g：
第三组：泽库。

3.27　宁夏回族自治区

1　抗震设防烈度为8度，设计基本地震加速度值为0.30g：
第二组：海原。
2　抗震设防烈度为8度，设计基本地震加速度值为0.20g：
第一组：石嘴山（大武口、惠农），平罗；
第二组：银川（兴庆、金凤、西夏），吴忠，贺兰，永宁，青铜峡，泾源，灵武，固原；

第三组：西吉，中宁，中卫，同心，隆德。

3 抗震设防烈度为 7 度，设计基本地震加速度值为 0.15g：

第三组：彭阳。

4 抗震设防烈度为 6 度，设计基本地震加速度值为 0.05g：

第三组：盐池。

3.28 新疆维吾尔自治区

1 抗震设防烈度不低于 9 度，设计基本地震加速度值不小于0.40g：

第三组：乌恰，塔什库尔干。

2 抗震设防烈度为 8 度，设计基本地震加速度值为 0.30g：

第三组：阿图什，喀什，疏附。

3 抗震设防烈度为 8 度，设计基本地震加速度值为 0.20g：

第一组：巴里坤；

第二组：乌鲁木齐（天山、沙依巴克、新市、水磨沟、头屯河、米东），乌鲁木齐县，温宿，阿克苏，柯坪，昭苏，特克斯，库车，青河，富蕴，乌什*；

第三组：尼勒克，新源，巩留，精河，乌苏，奎屯，沙湾，玛纳斯，石河子，克拉玛依（独山子），疏勒，伽师，阿克陶，英吉沙。

4 抗震设防烈度为 7 度，设计基本地震加速度值为 0.15g：

第一组：木垒*；

第二组：库尔勒，新和，轮台，和静，焉耆，博湖，巴楚，拜城，昌吉，阜康*；

第三组：伊宁，伊宁县，霍城，呼图壁，察布查尔，岳普湖。

5 抗震设防烈度为 7 度，设计基本地震加速度值为 0.10g：

第一组：鄯善；

第二组：乌鲁木齐（达坂城），吐鲁番，和田，和田县，吉木萨尔，洛浦，奇台，伊吾，托克逊，和硕，尉犁，墨玉，策勒，哈密*；

第三组：五家渠，克拉玛依（克拉玛依区），博乐，温泉，阿合奇，阿瓦提，沙雅，图木舒克，莎车，泽普，叶城，麦盖堤，皮山。

6　抗震设防烈度为6度，设计基本地震加速度值为0.05g：

第一组：额敏，和布克赛尔；

第二组：于田，哈巴河，塔城，福海，克拉玛依（马尔禾）；

第三组：阿勒泰，托里，民丰，若羌，布尔津，吉木乃，裕民，克拉玛依（白碱滩），且末，阿拉尔。

3.29　港澳特区和台湾省

1　抗震设防烈度不低于9度，设计基本地震加速度值不小于0.40g：

第二组：台中；

第三组：苗栗，云林，嘉义，花莲。

2　抗震设防烈度为8度，设计基本地震加速度值为0.30g：

第二组：台南；

第三组：台北，桃园，基隆，宜兰，台东，屏东。

3　抗震设防烈度为8度，设计基本地震加速度值为0.20g：

第三组：高雄，澎湖。

4　抗震设防烈度为7度，设计基本地震加速度值为0.15g：

第一组：香港。

5　抗震设防烈度为7度，设计基本地震加速度值为0.10g：

第一组：澳门。

附录 4

不同地区采暖居住建筑各部位围护结构传热系数限值(W/m²·K)

国家行业标准《民用建筑节能设计标准(采暖居住建筑部分)JGJ 26—1995》要求:在 1980 年住宅通用设计的基础上节能 50%,当房屋体型系数不大于 0.35,或窗户传热系数比下表规定的限值低于 0.5 以下时,可直接按下表选用围护结构各部位的传热系数。

采暖期室外平均温度(℃)	代表性城市	屋顶		外墙		不采暖楼梯间		窗户(含阳台门上部)	阳台门下部门芯板	外门	地板		地面	
		体形系数≤0.3	体形系数>0.3	体形系数≤0.3	体形系数>0.3	隔墙	户门				接触室外空气地板	不采暖地下室上部地板	周边地面	非周边地面
2.0~1.0	郑州 洛阳 宝鸡 徐州	0.80	0.60	1.10 1.40	0.80 1.10	1.83	2.70	4.70 4.00	1.70	—	0.60	0.65	0.52	0.30
0.9~0.0	西安 拉萨 济南 青岛 安阳	0.80	0.60	1.00 1.28	0.70 1.00	1.83	2.70	4.70 4.00	1.70	—	0.60	0.65	0.52	0.30

续 表

采暖期室外平均温度(℃)	代表性城市	屋顶		外墙		不采暖楼梯间		窗户(含阳台门上部)	阳台门下部门芯板	外门	地板		地面	
		体形系数≤0.3	体形系数>0.3	体形系数≤0.3	体形系数>0.3	隔墙	户门				接触室外空气地板	不采暖地下室上部地板	周边地面	非周边地面
−0.1～−1.0	石家庄 德州 晋城 天水	0.80	0.60	0.92 1.20	0.60 0.85	1.83	2.00	4.70 4.00	1.70	—	0.60	0.65	0.52	0.30
−1.1～−2.0	北京 天津 大连 阳泉 平凉	0.80	0.60	0.90 1.16	0.55 0.82	1.83	2.00	4.70 4.00	1.70	—	0.50	0.55	0.52	0.30
−2.1～−3.0	兰州 太原 唐山 阿坝 喀什	0.70	0.50	0.85 1.10	0.62 0.78	0.94	2.00	4.70 4.00	1.70	—	0.50	0.55	0.52	0.30
−3.1～−4.0	西宁 银川 丹东	0.70	0.50	0.68	0.65	0.94	2.00	4.00	1.70	—	0.50	0.55	0.52	0.30
−4.1～−5.0	张家口 鞍山 酒泉 伊宁 吐鲁番	0.70	0.50	0.75	0.60	0.94	2.00	3.00	1.35	—	0.50	0.55	0.52	0.30
−5.1～−6.0	沈阳 大同 本溪 阜新 哈密	0.60	0.40	0.68	0.56	0.94	1.50	3.00	1.35	—	0.40	0.55	0.30	0.30

续 表

采暖期室外平均温度（℃）	代表性城市	屋顶		外墙		不采暖楼梯间		窗户（含阳台门上部）	阳台门下部门芯板	外门	地板		地面	
		体形系数≤0.3	体形系数>0.3	体形系数≤0.3	体形系数>0.3	隔墙	户门				接触室外空气地板	不采暖地下室上部地板	周边地面	非周边地面
-6.1～-7.0	呼和浩特 抚顺 大柴旦	0.60	0.40	0.65	0.50	—	—	3.00	1.35	2.50	0.40	0.55	0.30	0.30
-7.1～-8.0	延吉 通辽 通化 四平	0.60	0.40	0.65	0.50	—	—	2.50	1.35	2.50	0.40	0.55	0.30	0.30
-8.1～-9.0	长春 乌鲁木齐	0.50	0.30	0.56	0.45	—	—	2.50	1.35	2.50	0.30	0.50	0.30	0.30
-9.1～-10.0	哈尔滨 牡丹江 克拉玛依	0.50	0.30	0.52	0.40	—	—	2.50	1.35	2.50	0.30	0.50	0.30	0.30
-10.1～-11.0	佳木斯 安达 齐齐哈尔 富锦	0.50	0.30	0.52	0.40	—	—	2.50	1.35	2.50	0.30	0.50	0.30	0.30
-11.1～-12.0	海伦 博克图	0.40	0.25	0.52	0.40	—	—	2.00	1.35	2.50	0.25	0.45	0.30	0.30

附录 4　不同地区采暖居住建筑各部位围护结构传热系数限值($W/m^2 \cdot K$)

续　表

采暖期室外平均温度(℃)	代表性城市	屋顶		外墙		不采暖楼梯间		窗户（含阳台门上部）	阳台门下部门芯板	外门	地板		地面	
		体形系数≤0.3	体形系数>0.3	体形系数≤0.3	体形系数>0.3	隔墙	户门				接触室外空气地板	不采暖地下室上部地板	周边地面	非周边地面
−12.1～−14.5	伊春 呼玛 海拉尔 满洲里	0.40	0.25	0.52	0.40	—	—	2.00	1.35	2.50	0.25	0.45	0.30	0.30

注：1. 表中外墙的传热系数限值系指考虑周边热桥影响后的外墙平均传热系数。有些地区外墙的传热系数限值有两行数据，上行数据与传热系数为 4.70 的单层塑料窗相对应；下行数据与传热系数为 4.00 的单框双玻金属窗相对应。

2. 表中周边地面一栏中 0.52 为位于建筑物周边的不带保温层的混凝土地面的传热系数；0.30 为带保温层的混凝土地面的传热系数。非周边地面一栏中 0.30为位于建筑物非周边的不带保温层的混凝土地面的传热系数。

本章参考文献

[1] 陕西省建筑科学研究院. 建筑砂浆基本性能试验方法标准(JGJ/T 70—2009). 北京：中国建筑工业出版社，2009

[2] 四川省建设委员会. 砌体基本力学性能试验方法(GBJ 129—2011). 北京：中国建筑工业出版社，2011

[3] 彭翥. 混凝土复合保温砌块承重墙抗震性能的试验研究[D]：[硕士学位论文]. 南京：东南大学，2012

[4] 中国建筑科学研究院. 建筑抗震试验方法规程(JGJ 101—96). 北京：中国建筑工业出版社，1997